啤博士
的
啤酒札记

太空精酿 著

U0285970

清华大学出版社
北京

图书在版编目（CIP）数据

啤博士的啤酒札记 / 太空精酿著. —北京：清华大学出版社，2018（2024.8 重印）

ISBN 978-7-302-51765-8

Ⅰ.①啤… Ⅱ.①太… Ⅲ.①啤酒－基本知识 Ⅳ.①TS262.5

中国版本图书馆 CIP 数据核字（2018）第 274408 号

责任编辑：刘　洋　顾　强
封面设计：钟　达
版式设计：方加青
责任校对：王荣静
责任印制：沈　露

出版发行：清华大学出版社
　　　　网　　　址：https://www.tup.com.cn，https://www.wqxuetang.com
　　　　地　　　址：北京清华大学学研大厦 A 座　　邮　　编：100084
　　　　社 总 机：010-83470000　　　　邮　　购：010-62786544
　　　　投稿与读者服务：010-62776969，c-service@tup.tsinghua.edu.cn
　　　　质 量 反 馈：010-62772015，zhiliang@tup.tsinghua.edu.cn
印 装 者：小森印刷（北京）有限公司
经　　销：全国新华书店
开　　本：148mm×210mm　　印　　张：10　　字　　数：191 千字
版　　次：2018 年 12 月第 1 版　　印　　次：2024 年 8 月第 11 次印刷
定　　价：65.00 元

产品编号：078657-01

自
序

Preface

　　我是一个非典型酒鬼：酒量不行，但爱喝。

　　这并不是说我是个经常酗酒、宿醉的人，实际上了解我的人都知道：我每天都喜欢喝一口，经常是一些稀奇古怪的种类，浅尝辄止，很难见到我喝醉的样子。

　　啤酒中有很多成分，主要来自水、酵母、啤酒花、麦芽四种基本原料，有时候我也在想是否应该做一个身体对啤酒中各项成分的敏感度测试（类似过敏原测试），或是直接彻查一下基因组，看看到底是什么原因导致我如此地热爱啤酒。

　　听爸妈讲过我小时候的糗事：我那时大概3岁，爸爸和一个朋友在家喝了很多啤酒，醉到几乎不省人事，也没注意到我在桌子底下爬来爬去，捡啤酒"福根"喝，竟然也喝醉了。事后，妈妈跟爸爸大吵一架，仿佛觉得此次醉酒会导致我的脑子从此废掉，再也不允许我尝试哪怕爷爷筷子尖的那一滴酒精味道。这算是我第一次喝酒和醉酒的经历，就像本书中提到的野人恩奇都——尚处在野蛮未开化的状态，就被植下深深的啤酒烙印。

第二次喝酒，是在过了法定饮酒年龄的大学读书期间。我逐渐成为"大绿棒子"等各类国产啤酒的拥趸：打赌、游戏赢了，一瓶啤酒；帮忙调试程序成了，两瓶啤酒；陪着女朋友爬泰山，背着本地原浆啤酒当水喝；毕业离校，在学校论坛上卖二手物品，不收钱只收啤酒……

留校读研的时候，每隔两周，我和小于会偷偷地背着宿舍管理员在宿舍喝啤酒，有时候甚至喝到天亮。还好我俩最后不算糟，小于优秀到成为我此生最佩服的学者。我也最终出国读博，我们都在继续研究航天。

我去了荷兰，这里恰好是比利时、德国、英国三个传统啤酒大国的交界处，可谓是占尽天时、地利、人和。举个例子：第一次见到荷兰一家叫作"Jumbo"的连锁超市的啤酒货架区，我大概光拍照就花去半小时，震惊到垮掉！

白天上班、晚上喝酒的日子就这么开始了。

我其实很讨厌酗酒，直到现在，我实际每天也就喝 1 ~ 2 瓶，量不够只能从质上取胜，必须开始认真喝酒！啤酒种类繁多，我在这个广袤的海洋里潜水徜徉。再加上我平日喜欢读一些历史、文化类的书，总能发现一些啤酒的痕迹，之后就反过来：今天喝的什么啤酒，就开始研究它背后的故事。就算出去玩，也要去各种酒厂、博物馆找寻啤酒的故事，这事儿我老婆最有发言权：出去旅游，她制订路线，总会有我想去的酒厂和酒吧。

甚至这还不够，要不要自己亲手酿造啤酒感受一下整个过程？很巧，我认识了王博士和几位同在荷兰的酒鬼博士，我们在网上购买了家酿啤酒的设备，之后就折腾起来。结果一发不可收拾，大家越酿越多，越酿越有新意，还定期聚会研究啤酒。有一天，不知道哪位小哥把微信群的名字改成"啤博士"，就成为我们这个业余兴趣小组的名称。

起名这件事对我影响很大，一下子让我觉得凡事（喝酒）得慎重起来。我开始认真搜寻资料作总结，有些啤酒学术范儿。同时，我坚信最好的学习就是输出，于是乎，在自酿啤酒之余撰写了很多啤酒相关的文章。前段时间有朋友用网络爬虫检索了一下，说我已经写了 30 多万字啤酒相关的内容，这很有可能是真的。

一般来说，搞科研的人还有一定的社会责任心，我们还想着应该影响更多人，让大家都变得更专业。于是乎，早在 2016 年年初，我就飞往西班牙，考了 BJCP 的啤酒品酒师证书，还因为常年喝啤酒积累下的"学霸"潜质拿到高分，获得考官资格，再后来，我们干脆把 BJCP 相关的啤酒指南、考试全部汉化（志愿者性质）。到现在，中国已经由此诞生出好几批人才，服务了全国不知道多少款啤酒的品评。大家都在一个共同的啤酒爱好下，做着快乐、公益的事情。

越玩越嗨，比喝酒还嗨！

再后来某一天，清华大学出版社的编辑（他也喜爱啤酒）找到我，我这才意识到，是时候作总结讲一讲啤酒的故事了。一边做科研工作，一边喝啤酒写书，成为 2018 年我最好的节奏。

当然，还一个重要原因：谨以此书，送给让我各方面心服口服的小于，祝你开心！

干杯！

2018 年 11 月 27 日

目
录

Contents

啤博士的啤酒札记

目
录

第一章

CHAPTER 1

生活中的啤酒

　　啤酒目前是世界上消耗量最大的酒精饮品，远远超过了你所知道的任何一种酒类。中国虽然是酒文化源远流长的大国，早期也有啤酒出现的痕迹，但啤酒很快销声匿迹，再传入已经是近代的事情。正如一切外来事物都能在这个文明古国掀起不一样的波澜，中国人也形成了独具特色的啤酒文化，既有让人啼笑皆非的误解，又有不可思议的创新。

　　以大家生活中的啤酒作为本书的开场，恰如其分。

先干为敬吹一瓶

夕阳斜下，车水马龙的街道，燥热散去的街角，三五好友临时起意，拐进了一家门口架着烧烤摊、盆里堆着田螺小龙虾的小店。领到工资的小哥一边和好友推搡着进屋，一边嘴里跟老板吆喝着：

"李哥，两盘麻小、50串肉筋、5串大腰子、两盘烤韭菜！"

"好嘞您呐！"

"再搬上两箱冰爽，要最冰的！"

于是，一场标准的朋友小聚开始上演：一手拿着大腰子串、一手把火红的小龙虾往嘴边送，嘴里还高谈阔论着云谲波诡的国际政治格局。哎哟呵，一不小心吃到辣椒，于是往杯子里倒满啤酒，还未等啤酒的气泡爆裂，便一口气"咕咚咕咚"地灌了下去。

如果赶上聊得正欢，或真情流露，或浩气慨然，或愁思袭来，便抓起瓶子，"哐当"的干杯声几乎将玻璃瓶碰裂，一口闷完！

这形成了一个很有中国特色的啤酒术语：吹一瓶。

也许以上场景跟本书要讨论的所谓阳春白雪的啤酒文化显得格格不入，可这的确是每天在中国各地上演的一幕。存在即是合理，这种情景本身也已成为了一种独特的文化现象，它曾经在或悲或喜、或痛或爱的场合，将啤酒中酒精的作用发挥到了极致，让人的情绪随着酒精的下肚而得到释放。

作为香港四大才子之一的美食家蔡澜，自然少不了喝啤酒的体验。他曾经在描述日本之旅时说过"一到傍晚，年轻的男男女女汇集在此，每个人手上都有半公斤或一公斤的大玻璃酒杯，盛着橙黄发出泡沫的啤酒，大饮特饮"，一直喝到"我替他擦背递毛巾，隔壁的女厕也作出稀里哗啦的巨响"。可见在美食家眼中，连平时保守压抑的日本人也会被酒精带出内心不羁的情绪。

而在美国，熬到小酒吧快打烊的那一桌永远是最有战斗力的一拨人。这个时候一杯一杯从酒头打出的啤酒已经无法满足他们的需求，打上一品脱（美制，约半升）淡色艾尔啤

■ 经典的"龙舌兰烈酒＋盐＋柠檬"组合（图片来源：Pixabay）

酒，再来一小杯波本威士忌，将小杯悬于品脱杯上空。假如酒力还允许对准，一松手，小杯便会"砰"的一声掉入啤酒中，激起的啤酒泡沫瞬间将小杯包围，威士忌与啤酒充分融合。小杯甚至还未碰到杯底，便迅速端起整杯酒一饮而尽，好不快哉！

这美国版的对瓶吹似乎也颇为霸气，不过能这样做的人随后基本都会忘记此刻的快感，而是在第二天头痛欲裂之时懊悔友人口中描述的昨晚失态。于是，这种美国人发明的鸡尾酒得名为"啤酒炸弹"！一个是对应小杯掉入品脱杯时"砰"的声响；另一个则是炸弹的威力实在惊人，无论你有多么强烈的情绪，那一杯下肚后基本也都被炸得销声匿迹。

欧洲和南美的深夜酒吧亦是如此，几杯啤酒下肚后，朋友们情绪高涨。这时点上一杯龙舌兰烈酒Shot（类似白酒杯），舔口盐，干杯酒，吃口柠檬，喝一大口啤酒，不一会儿，再保守的绅士也开始八卦了。

而换作是最为崇尚酒文化的中国古人，又是如何喝酒的呢？"李白斗酒诗百篇"，正是这一斗一斗的酒成就了李白"诗仙""酒仙"的称号，他所有诗里描述的第一主题也是喝酒。得意喝酒，失意也喝；孤单喝酒，聚会也喝；送行喝酒，旅行也喝；思乡喝酒，归乡也喝；在家喝酒，访友也喝。

于是，我们看到了他在喝酒时挥金如土："金樽清酒斗十千，玉盘珍羞直万钱"；看到他对酒品质的要求极高："兰陵美酒郁金香，玉碗盛来琥珀光"；看到他以酒浇愁的惆怅：

■ 彼时李白所喝的，应该是和今天的绍兴黄酒比较接近的低度粮食酒（图片来源：Pixabay）

"抽刀断水水更流，举杯消愁愁更愁"；看到他在酒中品味人生："人生得意须尽欢，莫使金樽空对月"。

　至于其他喝酒的文人骚客，更数不胜数。但想必李白之流喝的并不是今天的白酒，否则按照古代各个朝代一斗酒等于4～12斤的量，恐怕李白早就喝得真正升天成仙了，哪里还能写诗！基本可以确定的是，彼时的酒只是多种粮食混合发酵的低度浊酒，与今天主要用大麦酿造的啤酒有所区别，更比工业化生产的啤酒少了过滤、增味、气泡等重要因素。而且大家想想：换作今天，得意时喝上几瓶甚至十几瓶啤酒，不少人还是能做到的。

　也许动用时光机器邀请李白穿越到今天，风流倜傥、不拘小节的他还是想继续体会千年以前"烹羊宰牛且为乐，会须一饮三百杯"的快感吧。但今时今日我们有了更加完美适合畅饮的啤酒和美食，也许李白会在一番痛饮之后写出下面一句诗：

撸串啤酒小龙虾，人生如梦看灯花！

中国人的饮酒文化，看似浮躁亢奋却又无可厚非，看似流于外表却又不温不火。随着时代的变迁，生活与工作的节奏越来越快，即便还有路边的那个小店、那盆龙虾、那箱冰到咂口的啤酒，然而你还有心情吹上那么一瓶吗？

对瓶吹，吹的可不仅仅是啤酒，还有那内心的真性情。

| "啤" 字大有来头

如今的考古进展告诉我们，啤酒是个在世界范围内都非常古老的酒精饮料，在9000年前的中国黄河流域和中东两河流域，都找到了含有大麦成分的发酵酒痕迹，也就是啤酒前身存在的证据。在这9000年内，无数国家崛起又败亡，文明兴盛又衰微，但啤酒的存在却从未受到影响。

也许是人类永远无法摆脱对精神刺激品的依赖。如今，人类消耗的第一大饮品是水，这不必解释，排名第二的是富含茶碱和咖啡因的茶水，排名第三就是本书讨论的主题——啤酒，它普遍含有3%～10%的酒精。而后续的排名中，咖啡、红酒、可可、烈酒，都少不了咖啡因、酒精这类刺激神经物

■ 各种酒精饮品已经
是人类安慰身心和
社交的重要工具（图
片来源：Pixabay）

质的存在。人类千百年来依赖它们，也给它们起了各种各样
美好或奇怪的名字。

那么问题来了，"啤酒"这个词是怎么被命名的？

生活在两河流域的苏美尔人把它称作"Kaš"，大致意
思是一种口渴时喝的植物饮料。一般由大麦面包发酵而来，
可以理解为农业已经高度发达的苏美尔人把吃剩的面包酿制
成了啤酒。早期苏美尔人的楔形文字与啤酒相关的词汇实在
太多，后面还经常加上各种颜色、甜度、容器类型等词汇，
足以证明啤酒已经是当地非常普通的饮品。后来的拉丁语家
族，啤酒的名称由此演化为 Cerveza 系列词汇，西班牙语、
葡萄牙语和意大利语等都用它的衍生词来形容啤酒。

但真正成为世界主流的日耳曼语系则使用 Beer/Bier 等
衍生词汇，在法、英、德、瑞、荷、比、卢等地流行起来，
也随着文化推广被应用到了全世界。

同时期的东欧斯拉夫语族，则使用 Pivo 系列衍生词汇。

很明显，中国的啤酒一词由外文发音直接音译而来，正如很多近代才出现的词汇，比如咖啡（coffee）、汉堡（hamburger）和可乐（cola）等词。但无论是Beer[biə（r）]还是Pivo[pivəu]，发音都像极了中文的"脾"和"皮"字。

于是，如你所愿，早期的中国人出国后听到这种发音，便将这种用麦芽发酵，还会持续冒泡的酒精饮料叫作"脾酒"或者"皮酒"。

当然，有不少桥段还把"皮酒"的说法强加到李鸿章访问欧洲时"亲自"起的名字，这就是演义了：李中堂和乾隆皇帝一样，一不留神，就"被"发明了很多名吃名喝。

事实上，1903年德国商人在青岛开了一家日耳曼啤酒青岛股份有限公司（青岛啤酒前身）。而在1900年的哈尔滨，俄罗斯人乌卢布列夫斯基则开了一家以自己名字命名的啤酒厂（哈尔滨啤酒的前身）。从这个角度来说，"皮酒/脾酒"的说法从德语的Bier或俄语的пиво而来都有可能。

■ 20世纪初在中国售卖的进口"皮酒"广告(图片来源:嘉士伯啤酒博物馆)

不过无论是"脾"还是"皮"，都实在不雅，对不上中国这个有着5000年悠久历史传统国家的文化底蕴。于是在这两个字使用了一段时间之后，青岛人看不下去，就发明了一个新字："啤"，来命名这种酒。久而久之，这个字流行起来走进字典，如今广泛使用的啤酒就此诞生。这和现代化学进入中国时，字典中新加的一系列关于新物质元素的汉字有异曲同工之妙。从这个角度来说，"啤"字本身在汉语中的创造也代表着啤酒文化的影响力。

然而无论啤酒还是 Beer 都只是一种统称，啤酒主要分为两种类型，就好比酱油分为生抽和老抽一样。啤酒的两大类型之一是来自古代英语词汇中的艾尔（Ale），莎士比亚在他的名著里经常用到的艾尔就是指当地的啤酒，它的味道更加复杂浑厚，颜色可以从浅到深，风格变幻无穷；另一种是来自德语的拉格（Lager），意为在地下长期窖藏，它则清新很多，颜色较浅，这也是中国啤酒的主力类型。

两者放在一起，就构成了啤酒大家族的两大框架。当然，啤酒大家族中还有一部分酸啤，本书后面再慢慢聊。

|大绿棒子

中国目前是世界上的啤酒大国，排名第一，地位不可撼动。

虽然中国人均每年的啤酒消耗量不过 32 升，世界排名第 49 位（2012 年数据），但中国有着世界最多的人口，这使得 2013 年中国的年啤酒产量达到了惊人的将近 500 亿升，占据世界的四分之一，超过排名第二的美国一倍之多。也是因为人口基数巨大，中国人年均喝下的这 32 升也基本代表世界的平均水平。

很多人可能对 32 升没有概念，类比一下好了：人体平均一天大约需要额外补充 2 升的水，也就是说这 32 升基本上够一个人 16 天的饮水量。况且中国人里还有很多不喝酒的人呢。

■ 标准"大绿棒子"玻璃啤酒瓶

相信读者们都很熟悉生活中的啤酒：中国产的啤酒绝大部分是一种装在绿色透明玻璃大瓶、口味清淡爽口的拉格啤酒，也因此得名为"大绿棒子"。但为什么中国 99% 的啤酒产量都是这种拉格类型的啤酒呢？

历史上，拉格啤酒是一种很高级的啤酒，因为它需要很低的发酵和窖藏温度（一般 10℃ 以内），发酵时间较长（可以达到两周）、低温窖藏时间更长（可以达到数月），这在啤酒酿造技术不成熟的时期是很难接受的，毕竟那时候缺乏制冷设备，甚至连温度计都要等到 1593 年时才由伟大的天文学家伽利略发明出来。因此以前仅有气候比较寒冷的德国和捷克可以利用地窖来酿造拉格啤酒。在相当长的时间内，拉格都是很不容易得到的优质啤酒。

但当人类进入工业时代后，低温发酵不再是个麻烦的问题，拉格反而由于发酵缓慢、释放热量低变得更加适合大批量发酵，比如一个发酵罐可以轻松做到 20 吨、50 吨甚至更高，艾尔啤酒是几乎不可能的。批量的生产线、灌装线、物流线，使得拉格的生产成本急剧降低，最终在全世界流行，目前全世界 90% 左右出产的啤酒属于拉格啤酒。

我国长期以喝白酒和黄酒为主，并没有特有的啤酒文化，啤酒作为"舶来品"，最早到来的便是德国和俄罗斯的拉格系列啤酒。改革开放之后，国家以经济建设为中心，以应对人民日益增长的物质需要，国有化投资的啤酒大发展时期到来。通过计划经济的强力推动，几乎每座城市都建立了以城市名命名的国企或地方企业酒厂，而这种大厂生产的方式，首选必然是规模化的拉格啤酒。

当然，最重要的原因还是消费者的选择。由于我国经济长期并不发达，人民消费能力有限，也只有工业量产拉格的物价水平能被接受。换句话说，很多年来，我们只能消费得起各种性价比高的"大绿棒子"。这是决定啤酒质量的本质因素，并非中国酒厂没有能力生产出高端昂贵的啤酒，是市场和消费者的消费能力决定了啤酒的定位与质量；为了迎合消费者低价和淡口味的需求，以往的国产啤酒普遍度数很低、口味很淡，也会大量使用其他糖类（大米淀粉等）替代大麦成分来降低成本和销售价格。时间一久，拉格啤酒的味道与概念深入人心，而其他种类啤酒发展非常缓慢。

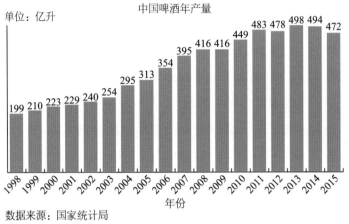

单位：亿升 　　　　　　　　中国啤酒年产量

数据来源：国家统计局

■ 中国啤酒产量趋势图（1998—2015 年）

　　然而，进入 21 世纪以来，情况悄悄发生了改变，随着人们越来越富裕，消费升级的趋势不可逆转。中国传统拉格啤酒产量在 2013 年达到巅峰之后便开始下降，正如已经进入衰退期的方便面、火腿肠、榨菜市场一样。但与此同时，各大城市以售卖艾尔啤酒为主的精酿酒吧却如雨后春笋般涌现，进口啤酒销量连年保持 50% 以上的速度增长，这进一步冲击了国产拉格啤酒的市场。

　　随着人们对高端啤酒和各种复杂啤酒口味的认知丰富起来，淡味的拉格啤酒也逐渐背上了口味淡、使用麦芽替代物的骂名，被调侃作"水啤""尿啤"。

　　当然在金融和商业极度发达的今天，资本运作使大厂垄断进一步加强，很多传统大厂开始靠着雄厚的资本收购新崛起的艾尔啤酒小厂。虽然有艾尔冲击市场，但拉格的地位一

啤博士的啤酒札记

时还是无法动摇。更何况大厂有着丰厚的技术和人才积累，转型生产艾尔也有一定的空间，近两年传统大厂开始纷纷推出艾尔新品。

但无论如何，从历史角度看，拉格啤酒，尤其是在中国绝对垄断的工业量产的淡味拉格（专业名称为"美式淡色拉格"），意义和成效非常显著。毕竟，它使世界上最多的消费者喝到了性价比最高的啤酒。

要知道，几元钱就能买到一瓶"大绿棒子"，对得起咱们一直以来的消费能力，真心别要求太高了。

■ 对于中国悠久的饮酒历史而言，啤酒既是个老者，又是个新手（摄影：刘昆）

生啤、熟啤是啥？原浆、纯生、干啤、冰啤、扎啤又是啥？

走近超市的酒架，中国的消费者们往往陷入选择哪种啤酒的困境中，生啤、鲜啤、干啤、纯生，各种各样的啤酒摆在一起，让人眼花缭乱。新到一座城市，又总能听说保质期短到 3 ~ 7 天的原浆和生啤；到了大块吃肉、大碗喝酒的大排档和小吃街，动不动又是 2 升或 5 升一桶的扎啤，那么它们之间的区别到底是什么呢？

中国 99% 的啤酒都是口味清冽爽口的拉格，在大约 15 天的发酵过程中，孜孜不倦工作的酵母菌们把糖浆里的大部分糖分吃掉，产生酒精和二氧化碳，在啤酒花的调配下造就了啤酒的味道。其中，酵母菌本身也成为一种鲜味的来源。

因此，根据是否保留活的酵母菌和其他活性成分，拉格啤酒从发酵罐到消费者口中会有两种主要的包装方式：熟啤和生啤，类似糟熘鱼片和生鱼片的成熟度指标。生啤是经过简易过滤后一般散装的啤酒，这样最大限度地保留了风味，但也要面对一个巨大的缺点：保质期只有短短的 3 ~ 7 天，这样的话基本只有产地才能喝到生啤；而熟啤是指严格加工、灭菌后包装的啤酒，牺牲掉的是活的酵母菌和脆弱的蛋白质、啤酒花等风味，换来的却是长达一年甚至更长的保质期，更适合批量生产和大规模销售。

■ 装在塑料袋里的一种青岛原浆啤酒（摄影：九月）

这样的话你就明白生啤的价格肯定是要高于熟啤，事实也的确如此。生啤又可以进一步处理，采用极其严格的过滤，将啤酒里各种杂质和大部分的酵母移除，但小分子的蛋白质和啤酒花风味都还在，这样的话啤酒依然可以保存几个月时间，这就是我们平时买到的价格较高、风味较好的纯生啤酒。几乎没有经过处理的，就是最好的原浆，青岛本地最著名的啤酒，莫过于这种直接用塑料袋从工厂发酵罐打出来的原浆啤酒。

而熟啤则是市场上的主流，也起了最多的名字。在发酵程度较高的情况下，酵母尽可能地吃掉了啤酒中的糖分，喝起来就会偏干，因此被命名为干啤，甚至超干啤。事实上，干啤酒的命名方式起源于葡萄酒的干红干白，通过使用特殊酵母使糖继续发酵，把糖降到一定浓度之下，口味干爽，糖分含量大大降低。干啤按照国家标准来说，发酵度不得低于72%。

　　还有一种啤酒叫作冰啤，在出厂前让啤酒处于冰点温度，啤酒中的蛋白质就会和冰晶结合形成混浊悬浮，滤除后即可生产出非常清澈的啤酒。它的色泽特别清亮，口味更加醇厚柔和，但代价是由于过滤了部分冰晶，导致余下啤酒的酒精含量升高。

　　当然，还有一种是没有经过处理的熟啤，这就是最普通版本。

　　于是，在干啤、冰啤和普通熟啤（不处理）三种主要加工方式下，熟啤就有了各种各样的酷炫名字，清爽、淡爽、干爽、冰爽、超爽、冰纯……只有你想不到，没有酒商做不出的名字。但笔者一直好奇为什么中国啤酒品牌那么喜欢用"爽"字命名，也许真的让人还没喝，看起来就"爽"了吧。

　　而在喝酒方式上，除了常规的瓶啤、听啤（铝罐），还有一种最酷炫的方式——扎啤。它是从英国的"Jar Beer"音译而来，顾名思义，它就是一种装在大扎啤杯里的啤酒，但它的完整说法是"重新加入二氧化碳的生啤"，是在啤酒酿造完毕之后，直接送到生产线上进行精致过滤，除去大分子蛋白和酵母菌，然后导入罐中重新充入二氧化碳。整个过程保持在 $3 \sim 8℃$，由于从未跟空气接触，再从罐中打出时能保持最新鲜醇厚的口感，回味无穷。一般的酒吧都采取这种方式，事实上在欧洲，一半以上的啤酒都是采用这种方式喝掉的。

　　但要提醒的是，你也看到了扎啤、原浆、纯生都属于生啤，它们的生产成本和物流成本很高，因此售价必然也很高。

如果你买到几块一听甚至几块一扎的这类生啤，基本可以确定是熟啤冰冻后调包或者直接就是假啤酒，可要留个心眼。

还有一个细节很重要，中国啤酒一般喜欢标明麦芽汁浓度，而不是常规的酒精浓度。但麦芽汁浓度只是用来形容啤酒发酵前的糖分含量，又叫"柏拉图浓度"，显然不能跟酒精度画等号。事实上，中国一般的啤酒仅有3%左右的酒精度，这恐怕才是大家既走心又走肾的根本原因吧，毕竟，靠这个度数的啤酒喝醉实在太难。

当然，笔者说的喝醉太难是针对像笔者这样的普通"酒鬼"们，喝酒适量，大家没事儿还是少喝点，喝得开心痛快即可。

为什么塑料杯倒酒泡沫多？

生活中动辄有酒友喝到兴高采烈，迫不及待地想来个连喝 N 杯，也就是传说中的"N 连斩"。但总会让人纠结的是迟迟不肯褪去的啤酒泡沫，这在塑料杯中更为明显。笔者见过多次大排档里的酒鬼们直接拿着油腻腻的筷子放进杯子，让泡沫快速消失，然后再倒满酒，干杯。

这种喝法，虽然血气方刚，但也让人觉得喝酒的方式有点"方"。

事实上，啤酒泡沫的本质是二氧化碳、碳水化合物、水和蛋白质形成的一种气泡。蛋白质和不可发酵的碳水化合物含量比较高的啤酒泡沫会很多，最典型的是小麦啤。其中对泡沫形成起决定作用的是蛋白质，可以大体分为两种。

第一种是只占大约 10% 的长链大分子蛋白，由煮沸过程中热凝固的蛋白构成，这种蛋白虽然少但是对泡沫持久度影响很大，蛋白越多泡沫持久度越长；第二种是更大占比的短链小分子蛋白，主要是脂质运输蛋白，还有大麦的醇溶蛋白和谷蛋白。它们的作用是使泡沫更容易形成，尤其是小型泡沫。

那么在同样情况下，为什么啤酒倒在一次性杯子里的泡沫也会有很多呢？

这要涉及泡沫形成的机理：泡沫是气体被液体隔开时形成的气 - 液不稳定组合体。当然，不稳定的意思是，它很容易就爆裂了。泡沫形成时气体需要被分开且簇拥在一起。

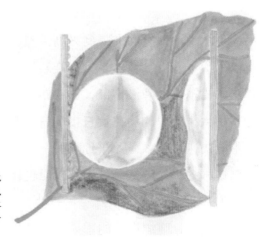

■ 啤酒泡沫疏水性示意图：
左侧疏水性更高的物质就
会导致泡沫很难粘连而成
为独立的气泡，这就更容
易形成更多的啤酒泡沫（手
绘：Feifei）

而塑料杯里的塑料和涂层有一个极其重要的性质：疏水性。这个跟我们生活经验对得上：塑料没法被泡湿，多用来防水。一滴水滴到疏水性很高的物体上，比如蜡烛、油脂，水就很容易形成一个圆球，水宁可抵抗重力也不愿意摊在它们表面。而普通玻璃或镜子并没有疏水性，生活中我们看到的玻璃上的水珠往往是因为玻璃表面有镀膜（比如汽车玻璃等）。

因此，当啤酒倒出来之后，溶解的二氧化碳在标准大气压和较高的室温下便会迅速逃逸。塑料相当于通过疏水特性强行把水隔离开，逃逸的方式其实是小泡沫迅速集结成大泡沫，上浮然后爆裂。所以一次性塑料杯子很容易快速形成非常多的泡沫。

泡沫是欣赏一杯啤酒的重要因素，塑料杯喝啤酒真心强烈不推荐。喝啤酒最好还是选用干净的玻璃杯，慢慢观赏泡沫升腾的

■ 啤酒泡沫（图片来源：Pixabay）

效果。但也要注意，玻璃杯如果洗得不干净（有杂质），就会在那个点上集中形成泡沫，看起来就是一个又一个的泡沫串串。如果换做干世涛常用的氮气，溶解度更低，泡沫会变得更加细致紧密。

有些重视泡沫的啤酒，如比利时修道院系列、皮尔森、各式小麦啤，开始流行在杯子底部激光雕刻花纹，这样泡沫就会不断在杯子底部形成，看起来非常美丽。

当然还要注意温度，温度越高气体溶解度越低，泡沫就会更容易形成和消散，因此啤酒最好冰着喝。冰啤酒进入口腔后，口腔温度促使泡沫重新聚合并迅速在口腔上腭爆裂，甚至闭上眼睛后能听到爆裂冲击传到耳道形成的第一手振动／声音。这感觉，就是无数酒鬼们追求的沙口感。

因此，利用筷子上的杂质和油脂来消除泡沫，这种做法的确是需要纠正了。

| 啤酒与健康的是是非非

人们在吃喝玩乐时总是爱考虑一点：这东西到底是致癌还是养生保健呢？仿佛任何东西都是非黑即白。于是你可以看到大家对啤酒的态度：

一边认为，啤酒会引起尿酸、痛风和结石，形成啤酒肚，导致胃肠炎，此外，酒精还致癌……

一边认为，啤酒中的维生素 B 族保护眼睛，多酚有助消化，酒精能舒缓神经和血管，还补钙……

每一种说法都能吸引无数人关注，以此谋生的媒体也可以一直就此吵来吵去。然而让大家失望的是，我这里回答啤酒到底对身体好还是不好其实就一句话：

抛开剂量谈毒性或益处，都是耍流氓！

A. 所谓的好处

啤酒中的酵母的确含有各类水溶性维生素(尤其是 B 族)、17 种氨基酸、各种酯类、矿物微量元素,对身体当然有好处。然而,这远不至于用"富含"一词来形容。

1 升啤酒中维生素 B 族总含量才 5 毫克左右,重要的 B_1、B_5(泛酸)、B_9(叶酸)都是以 0.1 毫克为量级;而身体每天需要至少 1.5 毫克的 B_1、10 毫克的 B_5 和 1 毫克的 B_9,至少需要喝掉 10 升甚至更多啤酒才能够满足身体所需!远远超过人体一天 2 升的正常补水需求,你根本喝不下去!

同样的道理,对于啤酒中所谓"富含"的氨基酸、微量元素、多酚/酮类等抗氧化物质,为满足人体需求得至少喝下 30～50 升不等的啤酒,相当于 100～150 小瓶啤酒了,估计没人受得了吧?

以上所有的有益物质,基本上吃二两鸡肉就可以做到了,何必通过啤酒去补?

B. 所谓的坏处

喝啤酒到底会不会长啤酒肚? 1 升高酒精度啤酒的能量在 250 千卡以内,酒精的代谢产物主要是乙醛和乙酸,且由于啤酒里酮类和多酚的利尿性,人类并不能直接利用这些能量,对这 250 千卡的吸收实际少于这个数据。但即便能够全部吸收,为了达到让人体长胖的目的,至少得喝下 10 升啤酒

才能做到，恐怕一般人做不到这个地步吧？

　　而同样的能量，你只需要吃下 400 克薯片或者 5 个鸡翅就够啦。啤酒肚这个锅，啤酒可不能背！大家往往就着下酒菜一边喝一边吃，下酒菜中的能量才是最多的！

　　而另一个误解就是啤酒与痛风的关系，这让无数深受痛风困扰的人也对啤酒深恶痛绝。痛风的产生跟尿酸直接相关，尿酸也的确与嘌呤的摄入有关。然而，1 升啤酒中的嘌呤总含量才 30 ～ 100 毫克，远远比不过 2 两鱼干里的 1500 毫克，且这个量人体代谢起来并无太大压力。按照正常人的代谢能力，你至少得喝下去 45 瓶啤酒，里面的嘌呤才会给人体带来代谢压力。

　　真正出问题的是酒精代谢过程中产生的竞争性乳酸抑制

了尿酸的代谢，导致尿酸堆积析出结晶产生痛风。但这个锅得所有酒类一起背，那些比啤酒更高度数的白酒、烈酒、葡萄酒更加摆脱不了干系，喝任何酒都不要过量为好。

而必须说明的是，酒精是世界卫生组织公认的一级致癌物，现在的研究只能说明适量饮酒无明显害处（普遍是每日身体摄入20 ～ 30毫升的酒精，相当于喝下最多2小瓶啤酒）。适当饮用啤酒的情况下，人的肝脏可以处理掉体内的酒精，对人体几乎没有影响，但如果过量就会产生坏处。

因此，既不必为啤酒所谓的益处而沾沾自喜，更不必为啤酒所谓的坏处而恐慌不已。它们对你的身体造成影响之前，你的身体恐怕早已吃不消几十升啤酒灌下去的压力。

那到底该如何喝啤酒呢？

事实上，喝酒最大的作用是放松身心，作为一种能作用于神经的物质，适当的酒精能使人注意力分散，从工作、社会、家庭的压力中暂时得以解脱，敞开心扉，

■ 轻松惬意地喝一瓶啤酒，才是它正确的饮用方式（摄影：李劭康）

更善言谈，成为亲朋好友之间增进感情最好的润滑剂，带来的社交效果和对你本人心理健康的作用是无法取代的。各类酒背后的历史与文化故事，更是最宝贵的谈资与财富，无形中提高了酒友的生活质量。在这个方面，适量饮酒的价值是无限的！

当然，甭管好坏、重要与否，笔者将在这里放上本书最想强调的一句话：

喝酒不开车！喝酒不开车！喝酒不开车！

啤酒虽好，可不要贪杯哦！

｜上脸的人能喝酒吗？

先说大家普遍认为的错误答案：上脸的人，能喝！

这是一句连没喝过酒的小孩子们都耳熟能详的经典劝酒词，无论大江南北、长城内外，忽悠了一批又一批上脸的"酒鬼"灌下一口又一口白酒、啤酒、葡萄酒。然而，大家都是正常人，凭啥我一喝酒就上脸，又凭啥我上脸了就能喝呢？

这就要从酒精进入人体内后的代谢途径说起。人体并不能直接代谢酒精，它需要一系列非常复杂的步骤才能逐步变成次级产物被排出体外。

第一步：酒精被胃、肠消化系统吸收。其中 80% 左右是由小肠完成的，因此控制小

■ 红脸白脸的是是非非

肠的吸收速度是保持不醉的必要条件。各种喝酒前喝牛奶、喝酒时大量吃东西、喝酒从低度开始的"喝酒技巧"都是为了阻止酒精快速进入小肠。

由于酒精进入人体血液后会流经大脑，而大脑细胞富含脂类的特点决定了它与优秀的溶剂——酒精有着非常好的结合，导致大脑里的酒精含量可以高达血液中酒精含量的十倍！酒精有麻痹脑细胞的作用，因此空腹急饮会快速致醉就毫不奇怪了。

第二步：酒精的主要成分乙醇进入肝脏，一种叫作乙醇脱氢酶的蛋白酶将乙醇变成乙醛。乙醛对人体几乎没有好处，它既不能被当作能量来利用，也不能直接排出体外。但它却比乙醇更容易和身体里的蛋白质结合，导致身体器官容易受到影响；同时它会导致血管壁膨胀，换句话说就是让血流量加大，皮肤也就变红。而脸部血管网络更加丰富，在身体里的乙醛未被及时处理的情况下，喝酒上脸就不足为奇了。

当然，只要脸部血管充血了都会导致脸红，妹子娇羞时的低头、汉子怒气冲冠时的血性、关二爷的日常，都是脸红的。

第三步：身体里有害无益的乙醛必须要快速移除，肝脏里有种叫作乙醛脱氢酶的蛋白酶能将乙醛处理为乙酸，并进一步处理为对身体完全无害的二氧化碳和水。无论是乙酸、二氧化碳和水，都能由身体排出，至此酒精对身体的影响就全部解除了。

那么你也知道了，喝酒上脸的人问题就出在了第三步——

乙醛的代谢。这就意味着这些上脸的人在喝酒的时候更容易被乙醛折磨，喝酒不仅酒量更小且带来的身体损害更大。

因此，根据人体处理这三个步骤速度的不同，可以把酒友们分成如下几档：

酒渣：由于身体特点或疾病用药，身体 / 大脑对酒精过敏或药物与酒精产生化学反应。表现是一杯啤酒就醉，甚至有剧烈的过敏反应。奉劝一句，酒渣们就别喝酒了吧。

酒泥：身体里乙醇脱氢酶丰富，而乙醛脱氢酶效率低下，喝着喝着就脸红了，身体实际上已经饱受乙醛折磨。酒泥们也要严格控制酒精摄入速度。

酒鬼：喝酒过快而乙醇脱氢酶效率过低，前期血液里酒精含量较低，还能在酒桌上一战。即便乙醛脱氢酶充裕不会脸红，但随着酒精积累直到麻痹了大脑神经，便出现各种醉酒表现，意识和言语失控。酒鬼是酗酒人士和大部分偶尔喝醉人士的日常，笔者自认为也停留在这个水平而已，咱们可要注意喝酒节奏啊！

酒神：身体里乙醇脱氢酶和乙醛脱氢酶都非常丰富，由于代谢速度很快且酒精的代谢会释放大量的热量，这种人的表现就是越喝越猛，喝得满脸大汗甚至因为发热而导致脸变红。这种就是传说中的"千杯不倒"，大家碰到之后千万不要力战。但幸运的是，我国控制这两种酶的基因都比较发达的人数比例极低。

那么，你属于哪一种呢？

不管怎样，碰到喝酒上脸的他/她，要么是个真不能喝的酒泥，要么是个我等力战不能的酒神。保险起见，或许我们应该如同大词人苏轼一样——

停杯且听琵琶语，细捻轻拢。醉脸春融。斜照江天一抹红。

且放他/她一条生路吧！

啤酒谈资大搜罗

比起啤酒对身心影响的方方面面，它带给人的乐趣和谈资应该更为重要，这些往往是陌生人结识、熟识人调侃的话题点，赋予了啤酒和酒局不可思议的魅力，是欧美这些传统啤酒和酒吧文化大国的饮酒文化核心。为了让你耐心读完本书，不妨倒上一杯啤酒，看看笔者搜罗的这些谈资，边看边往啤酒坑里掉一些吧。下一章起，咱们再慢慢聊啤酒知识！

欧洲中世纪时期，城市发展，污水横行，黑死病等疾病肆虐。不习惯饮用开水的欧洲人找到了最好的解决办法：喝经过煮沸酿造的啤酒。几乎人人都只从啤酒和食物中获取水分。啤酒文化在欧洲的盛行原因也因此有最好的解读。

荷比卢地区的修道院保持着酿酒、卖酒从而自力更生的传统，著名的特拉普（Trappist）修道院酒厂联盟及世界第一的啤酒——西弗莱特伦 12（Westvleteren 12）都出自这些修道士之手！

美国国父华盛顿也是个家酿爱好者，一边筚路蓝缕领导美国独立，一边不忘写下他的啤酒配方（1757 年）。但这

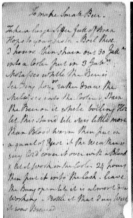

■ 华盛顿和他的啤酒配方

个配方非常简单，大致就是糠皮和糖浆。所幸华盛顿先生并没有成为一个成功的酿酒师，否则美国独立就跟他没什么关系了。

然而，直到现在白宫还在自己酿啤酒！当年奥巴马主政后，在白宫自费买了一套酿啤酒的设备，于是白宫也是一个小小的家庭酿酒作坊。话说过来，美国酿过酒的总统，从华盛顿、杰斐逊到奥巴马，实在不少。

慕尼黑啤酒节其实不是啤酒节！中国人熟知的慕尼黑啤酒节是德国巴伐利亚州的十月节（Oktoberfest），但人家本来是为了庆祝王子大婚的盛会，后来才演变为节日。而且它也是世界上最大的嘉年华。只不过德国人，无论庆祝什么，都会有大量的啤酒……

啤酒中的啤酒花不是啤酒泡沫，而是一种给啤酒增味的植物，它的另一个名称叫"蛇麻草"，和大麻同一科，换句话说，啤酒花是大麻的表兄弟！

■ 吉尼斯世界纪录和健力士啤酒，竟然是同一家的

吉尼斯世界纪录（Guinness World Records）是爱尔兰健力士（Guinness）啤酒公司组织起来的，它们刚开始只是为了统计一些趣味知识，后来便一发不可收！对了，健力士的核心人物之一是个著名的统计学家，正可谓酿不好啤酒的统计学家，怎么能搞出世界纪录来？当然，同一家公司翻译成不同名称，也算是一个不大不小的槽点。

如今，健力士已经成为爱尔兰国宝，酒厂就在首都都柏林的市中心。而根据租赁合同，这一片地健力士只付出了1英镑，但还可以用几千年，毕竟全城的酒鬼们都需要靠它活下去……

北欧小国丹麦的嘉士伯（Carlsberg）也曾经造出过大新闻：我们将会为诺贝尔奖获得者提供终身无限供应的啤酒，并将送酒管道直接连到获奖者家里！后来，大名鼎鼎的物理学家玻尔（Niels Bohr）说，为了这些啤酒我拼了！成功获得了这一殊荣。哦，对了，还有当年的诺贝尔奖！哈哈，不要当真，笔者调换了逻辑开个玩笑，玻尔当然不至于因为啤酒而搞科研，不过嘉士伯送啤酒的事情倒是真的。

每一秒钟，全世界大约有5000万人在同时喝啤酒！① 其中拥有着大胡子的英国人每年单单他们的胡子就"喝掉"（粘走）90000多升啤酒！苏格兰的一位小伙，在4天内连续喝完了60品脱（大约28升）的啤酒，然后宿醉了28天！醒来的那天：Hello world！

世界最高度数的啤酒是苏格兰67.5度的蛇毒啤酒（Snake Venom）。这种已经突破普通人对啤酒的想象了吧，它也因为各种原因饱受非议，但其他接近这个度数的啤酒也不算稀奇。笔者放在这里，就想告诉大家，啤酒的酒精度数可真不

---

① 笔者大概计算了一下，全世界年啤酒消耗量大约在2000亿升的级别，这意味着全球平均每秒消耗啤酒6342升，以每人每2400秒（40分钟左右）喝完一瓶330毫升的啤酒计算，平均每秒需要大约5000万人喝酒。

一定低！

　　笔者 2010 年在俄罗斯求学期间，跟 7 个俄罗斯同学去吃烧烤，他们在酒店跟老板说："老板，我们 7 个要 35 升！"是的，35 升！35 升！35 升！大家每人背着三瓶（约莫两升装）啤酒就蹦蹦跳跳出发了，然后喝完再蹦蹦跳跳回来买伏特加。到 2013 年，俄罗斯政府想了想：还是正式立法规定啤酒算作是一种酒精饮品吧！

　　著名的芬兰背媳妇大赛世界杯，冠军奖励是：跟媳妇同等重量的啤酒。养胖媳妇的老公陷入了两难的沉思……

　　丹麦人在一个大型音乐节上说：把你们的尿都收集起来，咱们酿一次真正的尿啤吧！目前正在紧张生产过程中，据说贡献过尿的粉丝们购买还有折扣。看来，尿啤是真的存在的。

　　这还不算啥，啤酒中有些原材料更是脑洞大开。截至目前，笔者知道的包括但不限于：八角、芫荽、辣椒、胡椒、可可、孜然、肉汁、鲜花、水果、燕麦、黑麦，算挺正常吧？不仅如此，还可以放点猫屎咖啡豆、牡蛎壳、牛睾丸、人胡子……算了，笔者不打算继续说了。

　　有种啤酒是用人吐出来的玉米酿造出来的！在智利，就有这样一种非常奇葩的啤酒：用人嘴里吐出来的玉米酿造。在经过人嘴咀嚼后，玉米被嘴中的各种糖分水解酶处理过，可以直接用来酿酒，不过……还是不建议大家尝试了。

　　著名的巴氏消毒法，其实最早是巴斯德研究出来用来给

■ 空荡荡的带有泡沫残留的杯子（摄影：程炜）

鲜啤杀菌同时保持风味的，后来促进了奶业及无数饮品行业的发展。

美国在进行核爆实验时，在核爆中心附近放置了各类生活饮品，用来测试核辐射剂量，惊奇地发现啤酒竟然是比果汁等饮品所受核辐射剂量更低的饮品。也就是说，核爆末日来临时，记得别忘了带上冰箱里的啤酒！

啤酒最大的杀手是光照！为什么精酿啤酒普遍选用棕色瓶子而不是"大绿棒子"？因为光照是啤酒第一杀手，很多你闻到的尿啤味、苦涩味就是光线照射导致的。这个味道的学名叫作臭鼬味（Skunky），买对了酒你就不用去动物园闻了，暴露在强光下只需要几分钟就能达到这个效果！

心理学上有一个词汇，叫作空杯恐惧症（Cenosillicaphobia），意思为非常恐惧一杯啤酒慢慢被喝光后的空杯子。作为一名空杯恐惧症重度患者，我只好遗憾地告诉各位，我病得可不轻啊。测试：你看到上面图片心里舒服吗？

经验法则是酿酒师们发明的！著名的术语"大拇指／经验法则"（Rule of Thumb），其实是酿酒师发明的：酿酒师需要将大拇指伸到酒／麦芽汁里面，感受温度，判断是否需要开始或终止某一步酿酒操作，后来被扩散开来作为科研和工程领域的普适词汇。

2013 年，有一篇让人震惊的论文研究表明：早期的南美殖民者，从巴塔哥尼亚地区的山毛榉树上，无意间带回了一种贝型酵母（Saccharomyces bayanus）的原株，和现今的拉格酵母基因重复率高达 99%，它和拉格啤酒的大发展密不可分。说拉格啤酒见证了人类的大航海时代，也是有一定根据的。

啤酒的谈资，还有很多很多，足够作为你的精神下酒菜。当然，如果你还愿意继续读下去，本书海阔天空的内容，就此打开了！

■ 这也是一张值得纪念的啤酒摄影，背景是马耳他著名的"蔚蓝之窗"，它已于 2017 年彻底倒塌。而笔者的好友摄影师李劭康，恰好在事发前拍下了这张有故事的照片

第二章

CHAPTER 2

啤酒是世界上最复杂的酒

　　每种酒都有自己的特色，如果说白酒是时间的恩赐，葡萄酒是风土的恩典，那么啤酒就是人类智慧的结晶。在几千年的岁月沉淀中，数以千万计的酿酒师们用勤劳的双手和聪颖的大脑，将无数种类的啤酒酿造出来，在这些种类下又有无数的维度可以扩展。因此，在啤酒的世界中，几乎不可能出现重复的味道，即便是做同一类型啤酒的酿酒师，酿造的不同批次也会有不同的味道。

　　啤酒中凝结的味道，远不止来源于水、麦芽、酵母、啤酒花四种基本原料，还有各式各样的菌种、想不到的辅料以及花样繁多的酿造方式。所有这些，才造就了它们超多维度的味道层次。

单挑葡萄酒和烈酒——啤酒不虚！

先简单对比一下啤酒和其他酒类的不同。

葡萄酒

目前在世界范围内的酒文化里，占据主导地位的是葡萄酒，它的起源同样古老，几乎可以追溯到 6000 年前苏美尔人和埃及人对野生葡萄的热爱上。葡萄酒的发酵几乎都依赖

■ 葡萄酒这些年在中国可谓是酒界的最大红人（图片来源：Pixabay）

于附着在果粒表面的天然酵母，天然酵母将葡萄的糖分加工成酒精和二氧化碳，经过在木桶里的陈年酿造之后装瓶上市。其中，赋予葡萄酒丰富内涵的，是各品种葡萄所具有的风格迥异的成分。在葡萄酒的评价体系中，会特别侧重葡萄酒的品种、产地（风土）和年份。按照加工和发酵方式的不同，也会分为红、白、桃红三大类。一些特殊的品种还可以像啤酒那样"起泡"，比如香槟区（法国葡萄酒最有名的产区之一）的特色香槟葡萄酒（原产地保护政策：只有香槟本地产的才能用"香槟"这个地名来命名葡萄酒）。

几乎所有的葡萄酒都会把所使用的葡萄品种写在瓶标上，足以体现葡萄品种对葡萄酒风味的影响，出现频率比较高的品种有赤霞珠（Cabernet Sauvignon）、梅洛（Merlot）、西拉（Shiraz）、黑皮诺（Pinot Noir）、霞多内（Chardonnay）和雷司令（Riesling）等。而葡萄酒又以产地（风土）和气候更好的法国、意大利和西班牙而著名，这些亚热带的国家普遍拥有夏季充足的阳光和冬季温暖湿润的气候，赋予了葡萄足够的成熟和生长时间；而年份也是葡萄酒最重要的变量，不同年份的气候可能对葡萄酒质量有很大影响，1982年是葡萄酒历史上的奇迹年，相信很多酒友通过"来一杯82年的雪碧"这个陈年老梗对此都有所了解。

■ 各式各样的烈酒（图片来源：Pixabay）

烈酒

在酒类里面，各类烈酒（酒精度普遍大于等于 40 度）的消耗量仅次于啤酒和葡萄酒，这是一个极其庞大的家族，遍布了全世界。

威士忌（Whiskey）。这种通过大麦发酵、酒精蒸馏和过橡木桶的烈酒，随着欧洲文化的传播而遍布全世界。在威士忌的世界中，在木桶中陈放的年份及多品种的勾兑调和成为了酒品质量的决定性因素。苏格兰威士忌以浓郁的泥煤味而著名，爱尔兰威士忌专注于燕麦的使用且避免了泥煤味，美国威士忌以波本桶闻名于世，日本威士忌则倾向于软绵柔和。因此，木桶特色、陈酿年份和调制方法（单一麦芽威士

忌 /Single Malt 和多种威士忌混合 /Blended 两大类），造就了威士忌不同的故事和风味。

伏特加（Vodka）。号称北欧人和东欧人的"生命之源"，是一种标准的蒸馏酒精饮品，但凡是能产生酒精的糖类原料，比如小麦、大麦、菜糖浆、黑麦，甚至土豆，都可以用作原料。决定伏特加质量的核心在于精致的蒸馏工艺和次数，笔者曾经喝过波兰的土豆伏特加，真心被土豆酿出来的这种烈酒震撼住了，原来这都可以！

白兰地（Brandy）。葡萄酒的蒸馏浓缩，产生了诸如轩尼诗、人头马、马爹利等著名品牌。法国也因为产出了世界上最好的葡萄酒而产出了世界上最好的白兰地。相比于葡萄酒，白兰地的制胜之处在于浓缩的味道和更复杂的桶中陈酿。

龙舌兰（Tequila）。这种美洲原住民的酒精饮品采用了本地一种叫作"龙舌兰"的植物酿造而来，相当于"龙舌兰"（植物）版本的白兰地，需要在酿造之后经历蒸馏和桶中陈年的过程。

朗姆（Rum）。由加勒比海周围国家的居民们因地制宜，采用遍地都是的甘蔗酿造并蒸馏而来。这种廉价且味道辛辣刺口的酒精饮品，支撑起美洲的探险者们在海上的漂泊，当然，还有加勒比海上那些著名的海盗。不过，即便是国家正规军也是如此依赖朗姆酒，英国海军曾经的标配就是朗姆酒。

金酒 / 琴酒（Gin）。一种出身荷兰、在英国发扬光大的烈酒，要说它和威士忌有什么区别，笔者只能告诉你它的另一个常用名字——杜松子酒。顾名思义，这种酒普遍采用一种叫作"杜松子"的植物结出的莓果调味，带有浓郁的类似药草的味道。事实上，它最早就是以药酒的身份出现，只不过后来随着味道的改进而逐渐变得柔和，慢慢流行起来。

白酒。这是我国特产，在中国酒文化中占据举足轻重的地位，它的核心工序是粮食发酵、蒸馏和勾兑，年份和香型是最重要的两个维度。其中香型是区分不同白酒种类的核心，包括酱香、浓香、清香、馥郁香、凤香、兼香、米香等。

清酒。这是我国古代酒文化传到日本后衍生出的版本，基本上以大米为主要原料发酵而来，酒精度数偏低，米香浓郁，成为日本最具代表性的酒类。

那么，介绍了这么多其他品种的酒，我们发现，这些酒基本上都是在原料（葡萄、谷物、龙舌兰、甘蔗等）、风土（品种、产地、气候等）、辅料（杜松子等）、工艺（蒸馏、勾兑、过桶等）这四个主要维度上有所区分，其中的一两个维度决定了酒的特色。

而相较而言，上述维度都能在啤酒中找到，因为啤酒的变化维度之广，超出了普通人的想象。

啤酒的四大基本原材料分别是水、麦芽、酵母和啤酒花。

- 水：一方水土，养一方啤酒。
- 麦芽：啤酒味道的最重要来源，千变万化。
- 酵母：龙生龙，凤生凤，什么样的酵母酿什么样的啤酒。
- 啤酒花：大麻的"表哥"，完全不同的身份。

啤酒还有辅料和工艺两个维度可以扩展。

💧 辅料：酿酒师可以发挥世界上最丰富的想象力。

💧 工艺：创意是最有味道的源泉。

■ 啤酒的四大原料（手绘：Feifei）

如果算上啤酒风格演化过程中被烙下的历史、人文痕迹，那维度就更多了。

如果说上帝为人类打开了啤酒的大门，那他也会慷慨地将人类对啤酒的想象力打开，将人类对啤酒的创造维度扩展到无穷。世界上没有一样的指纹，也一定无法找到一模一样的啤酒。

目前世界上最权威的啤酒分类方法来自啤酒评审认证组织（Beer Judge Certification Program），他们在《世界啤酒分类指南》（2015 年）一书中将世界上的啤酒分成 34 个大类、114 个小类。这个分类的标准基本按照原料（水质、麦芽种类、酵母种类和啤酒花品种）、辅料、发酵工艺的不同而对啤酒作了区分。

啤酒在世界范围内的影响范围实在太广，无法像其他酒类一样可以按照地域和国家去区分。这也在某种程度上说明了啤酒的复杂性，以至于只能对它们进行大致的归类。

既然好好写一本关于啤酒的书，自然不能言过其实，下面笔者就将为你逐步打开通向这世界上最复杂酒类的大门。

｜水——一方水土养一方啤酒

所有啤酒绝大部分的成分和原料是水，酒精度数一般用体积比来表示（ABV，Alcohol by Volume），一般是 2 ～ 14 度，这意味着水分占到啤酒 86% ～ 98% 的比例。因此，水的选择对啤酒风味的影响极大，这也是啤酒风格的起源演化与地理位置如此相关的重要原因。

啤酒作为一种古老的酒精饮料，有着几千年的历史。而人类在相当长的一段时间内，没有足够的能力选择自己的饮用水，只能沿着河流、湖泊、雪山而居，当地的水源也成了酿酒用水的唯一来源。而每种水源的特点，也逐渐对当地啤酒的风格演化产生了极其重要的影响。比如，历史上几个主要啤酒产地的啤酒类型发展如表 2-1 所示。

表 2-1　历史上几个主要啤酒产地的啤酒类型

城 市 圈	啤酒种类	水质特点	对啤酒影响
英国波顿 - 特伦特	英式 IPA	极硬，很高的硫酸钙和碳酸氢根含量	收口饱满、偏干，加重啤酒花苦味
德国多特蒙德	多特蒙德啤酒，德式出口海莱斯（Helles）啤酒	很高的硫酸盐，中等碳酸氢根含量	加重啤酒花苦味，赋予啤酒"矿物质和硫酸盐"味道
爱尔兰都柏林	干世涛	钙离子和碳酸氢根含量很高	与黑色大麦芽带来的酸度达到平衡
苏格兰爱丁堡	苏格兰艾尔	中等碳酸氢根含量，可能带有泥煤味	低温发酵环境下，烟熏泥煤味道更加明显，应尽力避免
英国伦敦	棕色波特	碱性很高，碳酸盐含量偏高	与深色大麦芽的酸度平衡，更易溶解深色成分
德国慕尼黑	慕尼黑黑啤	碳酸盐含量偏高	与大麦芽的酸度平衡，更易溶解深色成分
捷克皮尔森	波希米亚风格皮尔森	水质极软，几乎不含矿物盐	减弱啤酒花苦味，缺乏使麦芽出糖的矿物盐，需要增加工艺提高糖分使用效率
奥地利维也纳	维也纳拉格	水质很硬，富含碳酸盐	增加维也纳麦芽的颜色溶解

可以明显看出，水质对非工业生产时代的啤酒种类有着决定性的影响。例如，各种矿物盐含量比较高、碱性的水源，一般都会加入深色麦芽进行中和，于是英伦三岛、爱尔兰地区流行起使用深色甚至黑色麦芽的波特和世涛。而在欧洲大陆的德国和维也纳地区，水质优于英伦地区，啤酒的颜色普遍更淡一些，就连同样使用深色麦芽的慕尼黑黑啤度数也偏

低，口味偏淡。在捷克的皮尔森地区，由于水质较软，即便不使用深色麦芽，已经能达到非常好的酸碱平衡，所以皮尔森之类的啤酒重点突出啤酒花香味和麦芽香味，喝起来感受到的酒体① 偏低。而其他地区的啤酒，基本上也被本地水源限制，定下主基调，再不断扩展出其他种类。

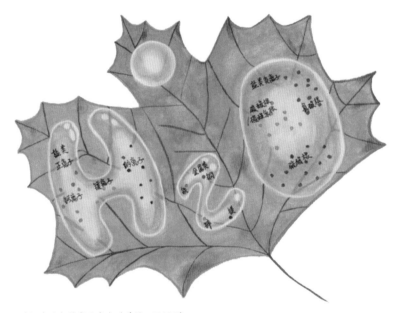

■ 啤酒中的各种离子成分（手绘：Feifei）

那么，从化学的角度，各种矿物质成分会对啤酒的风味有何影响？如表 2-2 所示。

---

① 酒体：啤酒喝起来的感觉，包括是否厚重、滑腻、爽口等维度。

表 2-2 啤酒中的各种矿物质成分

重要的成分	含量（PPM，每百万）	效　　果
金属（铁、镁、铜、锌）	极少量	少量对酵母健康非常有益，过多会导致酒体出现金属味
盐类正离子		
钙离子	50～150	水质软硬的决定性成分，降低酒液 pH，增加啤酒澄清度、味道和稳定性。为保证酵母营养需要至少 10～20 PPM，为保证糖化酶反应需要至少 50 PPM
镁离子	10～30	水质软硬的第二决定成分。酶反应催化作用，酵母重要营养原料。10～30 PPM 时凸显啤酒味道。> 50 PPM 时，出现明显苦味。> 125PPM 时会使人腹泻
钠离子	0～150	增加咸味和酸味。70～100 PPM 时加重甜味。超过 200 PPM 出现明显酸味，如果含有硫酸根会出现苦味，同时危害酵母健康
盐类负离子		
碳酸根、碳酸氢根	0～250	决定水质软硬和碱性的决定因素。高碱性会增高 pH 酸碱度，中和酸性物质。增加啤酒苦味，一般与深色麦芽配合。0～50 PPM 适合淡色啤酒，50～150 PPM 适合琥珀和棕色啤酒，150～250PPM 适合深色啤酒
氯酸根	0～250	增加甜味和酒体饱满程度，提高酒体稳定性和清澈度。>300 PPM 时会出现氯酚，产生消毒水味道，需要避免
硫酸根	0～350	水质硬度的决定因素之一。加重酒花苦味，使酒体偏干，更加饱满。0～50 PPM 适合突出麦芽味道的啤酒，50～150 PPM 适合普通啤酒，150～350 PPM 适合苦味啤酒。一些非常苦的啤酒会超过 400 PPM，但超过 750 PPM 也会使人腹泻

*PPM 指 Parts per million，百万分之一，比如一千克里有多少毫克，一升里有多少微升。

但随着人类化学和现代工业的发展，水质已经不再是影响啤酒风味的决定性因素，酿酒师们可以采用科学的测量和配比方法得到自己想要的水。比如，为酿造英式IPA（印度淡色艾尔）啤酒，使用水质偏软的水源时出现了一个专有名词"波顿化"，意为使用矿物盐达到波顿-特伦特地区的水质，再进行酿造。更现实的例子是美国，由于历史原因，美国几乎不是任何一种传统啤酒的原产地，但美国目前却是世界上种类最多、产量最大的精酿啤酒市场，这显然离不开现代化成熟工业的支持。这也是人类科技进步的一个重要体现。

麦芽——大麦小麦千年之战

人类起源于20万年前的非洲，而大约10万年前，一小

■《德意志、奥地利和瑞士植物志》一书中的大麦（左）和小麦（右）对比

部分人类开始逐渐走出非洲，踏上欧、亚、非三个大陆交界的西亚／中东地区。经过了数万年茹毛饮血的生存，最终在这片区域生存下来。他们的后代又迁移到欧洲、亚洲、澳洲，直至后来的美洲。

半部人类的奋斗史，就是各种谷物的驯化史。对农作物的驯化，使得人类不断剥离动物属性。人类大规模生产食物以实现定居，随着人口的增长、群落规模的壮大，人类也有了创造文明的可能，语言和文字的需求也越来越强，最终形成了现代形式的民族和国家。因而，谷物对人类而言可谓是"蛮荒破冰者"。考古及植物学研究证据表明，早在公元前8500年，西亚地区便成功驯化了小麦和大麦，这两者分别成为目前世界产量排名第三和第四的谷物。

这两种谷物对比下来，小麦拥有更多人体所需的蛋白质和氨基酸，大麦则拥有更多的糖分。在漫长的选择过程中，小麦作为主粮完全胜出：人类食物中糖的来源很多，而蛋白质的获得难度则要大很多。为了获得比狩猎更稳定的蛋白质来源，人类逐渐定居下来种植小麦。

但大麦却不经意间成为人类实现农业文明的另一个重要原因：它拥有更多的糖分，且在发芽过程中可以充分把这些淀粉转化为简单的糖类，可以使人类快速补充糖分和能量，比如苏美尔人文明中的大麦面包和各种文明随处可见的麦芽糖。这也使得它非常适合发酵成酒精饮品，而相比较而言，玉米、大米和小麦这些谷物仅仅成为啤酒酿造的配角。目前，

二棱大麦 六棱大麦

■ 二棱大麦和六棱大麦对比
（手绘：Feifei）

大麦是啤酒发酵绝对的糖分来源，除了一些工业批量生产的啤酒喜欢用玉米和大米淀粉降低成本，其他的普通啤酒中超过 90% 的糖分原料都来自于它。

大麦主要分为二棱和六棱两个主要类型，前者主要生长在欧洲，而后者主要生长在美国。六棱大麦里含有更多的蛋白质，不如欧洲的品种，不过欧洲的二棱事实上更接近一种四棱萎缩掉的大麦。这也是美国啤酒更喜欢使用成本低廉的玉米和大米糖浆来替代部分六棱大麦的另一个原因：防止过多的蛋白质影响酿酒和最终的口感。

大麦是一种适应性很强的温带农作物。事实上，它的生存能力要普遍强于其他谷物，甚至可以在寒冷、盐碱等恶劣环境下存活。例如，生长在青藏高原的青稞就是一种大麦。这也解释了在人类四大古老文明（古巴比伦、古埃及、古印度和中国）中，为什么啤酒会更早地出现在美索不达米亚平原（当今伊拉克、叙利亚、伊朗所在的两河流域地区）和埃及地区。这里适合大麦的生长，更何况这里之前并不是一个土壤沙质化和盐碱化如此严重的地区。即便经过了上万年的气候变化，该地区北部的土耳其目前依然是世界上重要的大麦产区。有意思的是，气候更为炎热的印度其实并不适合种植大麦，当然那里也未出现过古代啤酒发酵的痕迹。

大麦并不能直接用来酿酒，淀粉的大分子长链需要经过酶的水解才能进一步出糖，这便是发芽过程。芽的生长导致酶的激活，水解淀粉时需要消耗大量的氧气，同时呼吸释放热量，因此大麦加工厂的发芽车间都会在通风非常良好的大车间里，还需要不断翻动它们，防止过热，发霉腐败。

酶的水解过程不能无限期进行下去，否则大麦种子便会过度消耗能量，导致用于酿酒的糖分过少，需要及时让发芽过程休止。最有效的方式是加热，在较高温度（50℃～70℃）的持续作用下，大麦会逐渐丧失水分，发芽终止。经过简单

■ 不同颜色的酿酒麦芽

的振动、筛选后，就只剩下发过芽可用于酿酒的大麦，这时的大麦呈现出稻秆一样的浅黄色。

历史上为了与偏硬水质中和，或者今天用来给啤酒增加口感，大麦生产商往往会将大麦芽轻烤或烘烤，形成从浅色到黑色的颜色阶梯，它们按照颜色梯队也被区分为淡色麦芽、水晶/焦香麦芽、巧克力麦芽、黑麦芽等类型。

事实上，更专业的分类方式是按照产地、品种和颜色色度来分类。产地和品种方面，比较著名的，有捷克出产的皮尔森麦芽、德国的慕尼黑麦芽、奥地利的维也纳麦芽、英国的玛丽斯·奥特（Maris Otter）麦芽、澳洲的二棱大麦、美国的六棱大麦等。

而色度普遍用罗维朋（Lovibond，L）这个单位来形容，数字越大代表颜色越深。因此你可以看到 2～3L（色度）的淡色（颜色）皮尔森（产地）麦芽，也可以看到 1000L（色度）的深色（颜色）慕尼黑（产地）麦芽，想必大家应该对麦芽的种类有概念了吧。

啤酒ＳＲＭ色度

■ 国际标准啤酒色度（SRM，制作者：Feifei），颜色由浅入深为 1～40

对于酿造好的啤酒而言，也有一套描述颜色的系统，这就是国际标准啤酒色度描述指标 SRM（Standard Reference Method），它是用 430 纳米波长的光线照射 1 厘米的酒液后的衰减程度来描述颜色，从1（无色）到40（黑色）不等。不同大麦的配比和添加的辅料决定了啤酒最终的颜色，从稻秆色、金色、琥珀色、铜红色、棕色，到不透明的黑色，不尽相同。但必须说明的是，深色麦芽用量从来不需要很多，要想酿造一杯纯黑色的世涛，用5%的深色麦芽配合95%的浅色麦芽就足够了。

而且在轻烤麦芽时，大麦中的部分糖分会结晶形成一些不可发酵的糖或糊精，它们无法被酵母完全消化，就形成了啤酒中淡淡的甜味；然后颜色进一步加深，便会有神奇的美拉德褐变反应（大麦中的蛋白质和糖类产生化学反应），形成类似烤面包、巧克力甚至夸张一点的火腿（尤其是烟熏）香味；而完全黑炭一般的麦芽则像烘烤过的咖啡豆一样，带来浓郁的苦咖啡味道。

对它们的配比，是任何一个酿酒师都要学会的基本技能。

酵母菌——酒的祖师爷

酵母或许是整个人类历史上驯化得最为成功的物种。

但一秒钟后，笔者就后悔这么说了，人类应该心怀对大自然的敬畏，上句话必须改成：酵母或许是整个人类历史上合作最为愉快的物种。

在制作面包的过程中，酵母获得了大量的糖类来繁衍后代，人类获得了因为它排放出的二氧化碳而变得疏松绵软的面包。在酿造任何一种酒类时，则是另一种光景，我们赐予它甘之如饴的糖浆，它还以我们梦寐以求的酒精。虽然笔者不想倒你胃口，但实际上酒精和二氧化碳只是酵母的排泄物而已。啤酒如此，很多发酵而来的美味饮品，例如香醋、酱油、豆豉……不亦是如此吗？

当然，人类与酵母之间的合作关系，也可以用到人类和谷物、牲畜等的合作关系上，它们的族群实现了远超自然选择情况下的扩张，代价却是要为人类提供食物。

啤酒中最常用的酵母分两种：艾尔酵母和拉格酵母。

艾尔酵母：它适合在相对较高的温度下进行发酵（15℃～25℃），该温度是绝大部分微生物的理想代谢温度，啤酒酵母的代谢也达到理想状态因而繁殖速度很快，短短3～5天即可完成一大桶啤酒的发酵。艾尔酵母会在发酵过程中逐渐上浮，即所谓的上发酵。

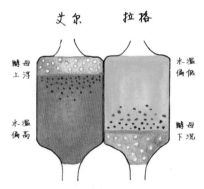

■ 艾尔和拉格啤酒的简单区别（手绘：Feifei）

但这种过快的速度也有缺点，它会在麦芽糖分解的过程之外产生更多代谢产物，其中有部分酯类、酚类、醛类的味道，是诸如比利时啤酒和德式小麦啤追求的有益味道，但也有更多双乙酰，其他酯类、酚类、醛类等，这是很多类型的啤酒无法接受的。此外，由于发酵期间会产生大量的热量，导致啤酒发酵很难大批量进行，否则就会由于热量聚集导致酵母健康状况下降甚至啤酒变质。

拉格酵母：它的发酵温度普遍仅有 4℃～ 12℃，生理代谢速度相比艾尔酵母较慢，带来的代价是更长的发酵时间，可能要 15 天甚至更久。发酵温度过低导致它原本只能在捷克、德国等较为寒冷的欧洲内陆地区酿造。拉格酵母会在发酵过程中逐渐下沉，即所谓的下发酵。

但它的好处在于发酵非常彻底，代谢产物少很多，味道更加清冽爽口，更多体现啤酒中其他三种原料（水、麦芽和啤酒花）的味道。由于这个过程产生的热量极少，拉格啤酒也更容易实现大规模生产。在现代工业使得制冷技术不再是问题后，拉格很快以更纯粹的味道和更低的价格占领市场，这就不足为奇了。

艾尔酵母和拉格酵母目前都形成了庞大的家族，艾尔酵母更是由于变化维度更大（数百个子品种）而为酿造各种艾尔类型的啤酒提供了基础。但你以为啤酒酵母的维度就止于此？这就错了，因为啤酒还可以利用庞大的酸菌甚至野菌家族。

比利时首都布鲁塞尔南部的谐纳河谷可谓是自然界赐予人类的礼物，这里曾经是欧洲最大的果园之一，盛产樱桃、李子、杏子等酸果，河谷相对封闭潮湿的空气中也因此富集各类果实表面的野生酵母菌。

这里也因此产生了一种独特的啤酒——兰比克，这个酒的最大特色是不用任何人工生产的酵母，比起普通啤酒在麦芽汁准备好之后便想尽一切办法防止感染杂菌，这种啤酒则会向空气敞开怀抱，直接在空气中冷却，尽情接受空气中的各类菌种入驻。

当然，敢这样做还是因为这里的空气的确很好，菌种之中有益菌占据绝对主导。比利时鲁汶大学的研究证明，一瓶普通兰比克啤酒中的有益菌超过 100 种。这些有益菌中，以乳酸菌和小球菌为主，它们带给了兰比克明显的酸味，还有其他菌种带来的霉菌味、马厩味，对于首次尝试的人而言可

■ 在发酵过程中，酒液的泡沫甚至冒出酒桶（摄影：林啸）

谓怪异无比。但久而久之，人们便习惯了这种独特的味道，当地人逢年过节便以这种大自然赐予的礼物来庆祝。

事实上，把乳酸菌和小球菌用在啤酒发酵中早就不奇

■ 菌类可以随意落入开仓酿造的酒池

怪，比利时的法兰德斯地区也流行用乳酸菌和醋酸菌发酵的红色和棕色艾尔，德国柏林地区也流行乳酸菌发酵过的小麦白啤。

酿酒师们的想象空间，你永远不能低估。美国有位工作了几十年的老酿酒师打算用他胡子里隐藏的酵母酿酒；2016年，还有一个大胆的厂商打出广告邀请一位美女模特，准备用她阴道里的菌群酿酒。虽然这个事件被大家猛烈抨击，但这个厂商还在寻觅一个超模担当志愿者，并且为她的粉丝酿酒，我们只能怀着复杂的心情等待这个"意外"的新闻了。

啤酒花——啤酒增味的奥秘

笔者曾经在很多场合听到友人说出这么一句品酒词："嗯，这杯啤酒的啤酒花很漂亮。"

相信你也看出来了，友人把杯子里的啤酒泡沫当作啤酒花了。这显然是不对的，那么啤酒花到底是什么呢？

它的学名叫"蛇麻"。

■ 《科勒药用植物》（1897 年）一书中蛇麻的配图

不熟悉不要紧，它有个表兄弟，叫作大麻，两者是蔷薇目大麻科下的两个不同属而已，蛇麻是葎草属，大麻是大麻属。这是一种很古老的植物，由于它富含酮类、烯类、酸类物质，可减轻焦虑、刺激食欲，煮沸过后的异构化合物（阿尔法酸）还能有效杀菌，延长啤酒保质期，在人类的酿酒事业中便很快被采用。

同是表兄弟，两者的名声差距太大！

有意思的是，蛇麻是一种雌雄异株的植物，换句话说就是蛇麻分雌雄，但只有雌花能用来酿酒。它带有独特的蛇麻腺体，能在花中分泌出淡黄色的点状物，而这些成为蛇麻用来酿酒的风味来源。

关于蛇麻在啤酒中的应用，可以追溯到德国亚琛地区的修道院，最早在公元822年，他们就把这种神奇的花放到啤酒里。但事实上应该更早，公元7世纪时就已经有了人类种植啤酒花的记录，而当时人类选择驯化啤酒花极有可能意味着在自然环境下无法找到足够的野生啤酒花来满足酿酒需求。蛇麻在酿酒中的使用也许是古代酿酒师的无意之举，因为历史上啤酒调味用的香料和植物简直数不胜数，只不过啤酒花成为令人意外的惊喜。

其实，啤酒使用啤酒花调味也有一定的必要性。

啤酒中残余的不可发酵糖会让它喝起来甜得发腻，好比糖浆一般，即便甜又能喝几杯呢？甜度降低了啤酒的适饮性，也更容易感染杂菌从而大大降低保质期。这就需要加入其他

■ 啤酒花的植株可以长到数米高，需要架子支撑，而酿酒只需要花球（摄影：田儒）

物质中和甜味同时延长保质期，古人们试验过石楠、艾蒿、生姜、肉桂、茴香、杜松子等各种植物，但最后显然是蛇麻胜出，也因此获得了"啤酒花"的称呼。

啤酒花所有的成分到啤酒中主要体现为香味和苦味两种重要味道，前者主要来自精油和酯类在受热时的挥发，后者主要来自一种叫作阿尔法酸的物质，必须在煮沸情况下才能通过异构化的化学反应变成异阿尔法酸提供苦味，同时实现啤酒保质的功能。所以，温度的控制成为啤酒花使用技巧的核心。

为突出香味，可以在啤酒发酵末期干投啤酒花，这样酯类和精油就会更多地体现而避免苦度的增高，几乎每一款IPA都采用这种方式。哪怕是在煮沸过程中，在不同时间点投入不同量的不同品种啤酒花也有很多技巧可以遵循，如狗鲨头（Dogfish Head）酒厂的分钟系列（60/90/120）就是指在煮沸麦芽汁过程中全程不断地投入啤酒花，从而创造了一系列经典的啤酒。

被发现的啤酒花有五大族群，分布在西亚/欧洲、东亚、北美东部、北美西部和北美中西部。这些地区也基本是啤酒起源和广泛传播的地区，尤其是啤酒起源的西亚和欧洲，以及通过工业化使啤酒走向世界的美国。其中欧洲是最经典的产地，其中，捷克产出的萨兹（Saaz）酒花较为著名，它被号称为"贵族酒花"，清新典雅，呈现药草和松脂气息；而英国的戈丁（Goldings）酒花则呈现淡淡的泥土香和花香。啤酒花的味道深受当地风土和气候的影响。

北美的啤酒花族群最为丰富，特别是美国的啤酒花种类最多，天然的落基山脉把它们分隔开来。西海岸气候炎热、日照充足，东海岸温暖潮湿、气候宜人。当然更重要的是美国发达的农业技术，将啤酒花的培育推向了一个巅峰，如今全世界新品种特色的优质啤酒花基本都产自美国。相比欧洲啤酒花的清新典雅，美式酒花更显得奔放热情，一些典型品种例如卡斯卡特（Cascade）、马赛克（Mosaic）、亚麻黄（Amarillo）、西楚（Citra）都呈现浓郁的热带水果、核果、葡萄柚等香甜的味道，美国也因此成为突出酒花香味的 IPA 啤酒最佳产地。与之类似的澳洲啤酒花，也在这些年飞速发展，甚至在香味上更具特色。

目前全世界已经有超过 200 种啤酒花进入市场，它们支撑起了啤酒变化的另一个重要维度。但这些还不够，随着饥渴的消费者对啤酒的需求越来越高，这个数字还在不断被育种公司提高，时不时看见只有编号却还没有命名的啤酒花已经用在啤酒中。只要酒鬼们一天还在追求着啤酒审美的更新，啤酒花的更新便永远没有终点。

| 辅料——拯救太单调！

有了水、麦芽、酵母和啤酒花，一瓶啤酒就有了基本的框架，但依然需要灵魂的填充。正如一位拥有了精致五官的女子还可被打扮成沉鱼落雁的尤物一样，啤酒同样可以依托辅料提供给酒鬼们更加惊艳的感受，本书把这些用来点缀啤酒但往往带来意想不到效果的添加物统一叫作辅料。

啤酒花最早就是作为辅料加入啤酒的，只不过后来地位逐渐升高，变成必需原料。在漫长的岁月和酿酒师们心血的积累过程中，啤酒的配方中还扩展出各种各样的辅料，它们的存在，让酒鬼的味蕾和对美好的想象一直走在被延伸的路上。数千年来，酿酒师们对辅料的运用分为几大系列。

谷物类

谷物基本是人类社会最容易接触到的农作物，曾经的谷

燕麦

小麦

黑麦

大麦

玉米

大米

物只是不起眼的杂草，却被人类培养成世界上种植面积惊人
的存在，这也是一种双赢：人类获得了赖以生存的淀粉，谷
物们提高了传宗接代的可能。

目前，人类种植面积比较大的谷物排名为玉米、大米、
小麦、大麦、高粱、燕麦、黑麦等，其中大麦战胜了众多对
手成为啤酒酿造原料的最佳选择。而其他谷物也成为辅料中
使用最多的选择。

其中最为成功的就是小麦，它也是人类主要的粮食之一，
名气之大以至于很多人在想到啤酒时都下意识地认为小麦是
主要的酿酒原料，而不是大麦。很多中国人在提到德国啤酒
时，第一反应也是大名鼎鼎的小麦啤。前文我们已经分析过，
小麦由于蛋白质含量较高不适合酿酒，但在控制用量、比例
的情况下，小麦则能赋予啤酒蛋白质，带来的独特的甜香味

和面包味，在德式小麦啤酵母的作用下还会产生带有淡淡香蕉味的乙酸异戊酯和带有丁香味的丁香酚。蛋白质的残余和活酵母的存在使得啤酒浑浊，但不失鲜活的香甜味，从而成为经典。

事实上，小麦不仅运用在德式小麦啤里，德国科隆和柏林都有自己特色的小麦啤，美国和比利时也有小麦啤，酸啤兰比克的重要原料也是小麦。但还得说清楚，即便是小麦啤，主要提供糖分的原料依然是大麦，且不可能有一种啤酒是100%的小麦酿造而来。

玉米和大米的产量稳居世界前二，它们在啤酒中的运用也就很容易理解了。这两种谷物用在酿酒中的优点是蛋白质的含量很低，但它们比起大麦缺乏淀粉水解酶，发芽过程浪费能量过高，且没有谷壳糠皮作为过滤的天然滤网，再加上它们的产地基本是热带，也不适合酿造啤酒，因此在历史上并没有在酿造啤酒的竞争中胜出。但这不代表它们没有发挥的空间，现代大工业生产的啤酒都会在酿造过程中加入玉米或大米糖浆，因为它们的成本要比使用纯大麦低上不少，最终的啤酒利润会更高。但由于蛋白质含量更低，发酵更加彻底，这导致啤酒的味道在清爽之余更加寡淡，这些替代糖浆的使用成为大厂啤酒被诟病的重点之一，在这个方面黑它们为"水啤"是不为过的。

而其他谷物，如燕麦、黑麦的使用则类似小麦，在蛋白质含量和其他风味方面它们甚至要更胜一筹，带给啤酒复杂的味道。因此，燕麦和黑麦往往出现在一些味道层次很丰富的啤酒里，比如英式较低酒精度的燕麦世涛和牛奶世涛往往会将燕麦作为重要添加物。美国人则更调皮地把这些啤酒叫作"早餐世涛"，仿佛真能当作早餐饮品一样。黑麦也经常出现在重口味的世涛和 IPA 配方里，它的出现也使得味道的维度更加宽广。

香料类

在中世纪欧洲关于神秘东方的介绍中，《马可·波罗游记》绝对是如同藏宝图一般的存在，这本书关于东方"遍地都是黄金和香料"的形容更是激发了哥伦布等一大波探险者踏上

■ 啤酒中经常作为添加物的香料巡礼（手绘：Feifei）

探寻神秘东方的旅程。由于气候问题，欧洲并不适合产出香料，而香料却是冰箱发明之前食物保质和美食增味的必备法宝，无数欧洲商人以倒卖这种昂贵的东方宝藏而发财。后来，奥斯曼土耳其帝国封锁了前往东方的丝绸之路，本身也停止了与欧洲的大量贸易，西方人被逼着开始大航海，从这个角度说香料促进了欧洲文明的进步也并不夸张。

说了这么多，当然还要说回啤酒，相信你已经意识到香料在欧洲人心目中的地位。那么对于一位渴望挑战自我、酿造出更美味啤酒的欧洲酿酒师，如果他想尝试把任何一种宝贵的香料都放进啤酒，你就不觉得奇怪了。

于是，比利时人把芫荽籽和苦橘皮放入他们的小麦啤，再把生姜、八角、胡椒和肉豆蔻放入他们的格鲁特啤酒；英国人把香草、丁香、桂皮放入他们的世涛啤酒，甚至让人觉得匪夷所思的是，苏格兰人竟然把味道诡异的石楠花放入他们的啤酒中，还把石楠花作为精神的象征。苏格兰人的故事里，甚至流传着在敌人入侵时，战士们宁死也不愿说出他们石楠艾尔啤酒的神秘配方。而到了更加奔放、不拘一格的美国，酿酒师们更是大胆，辣椒、花椒都敢往啤酒里尝试。

看到这段描述，中国人肯定觉得这群人疯了，因为中国人看到这些词汇想到的都是煲汤、卤肉、爆炒、炖高汤。这恐怕就是饮食文化的魅力吧，直到今天，西餐对这些香料的使用相比中餐较少，但这群"创新"的酿酒师们则是让中餐的大厨们也都大跌眼镜。

水果啤酒

树莓
蔓越莓
蓝莓
葡萄
杏子
李子
果脯
果核
葡萄柚
血橙
樱桃

■ 可在啤酒中作为添加物的水果家族（手绘：Feifei）

水果

　　啤酒与水果，天然就不是冲突的，尤其是对一些味道清新、突出酸甜的啤酒。在柏林小麦啤中经常可以看到树莓、蓝莓、蔓越莓等水果的身影，这些新鲜果汁与3度左右的酸小麦酒混合后才侍酒[①]，成为炎热夏季柏林街头驱暑的最佳饮品。传统的水果兰比克生产中，葡萄、杏子、李子、樱桃等更是要老老实实在木桶中发酵3个月甚至一年以上，在兰比克野菌和酸菌共同营造的酸、霉和马厩味中带来一丝甘甜。

[①]　侍酒本身是指侍酒师运用专业酒水知识和技能，提供酒水从采购、酒窖管理到菜单建议和最终斟倒给消费者的庞大体系。因而，消费者接触到的部分就是侍酒师在合适的酒水温度、杯型等选定后，用正确的方法斟倒给消费者。

而一些重口味的世涛啤酒也渐渐流行起使用果脯和深色核果增加味道的层次，葡萄柚、血橙也开始积极参与进 IPA 啤酒的味觉框架。

酿酒师们左手辣椒、花椒，右手还有樱桃、树莓，这一幕想一想就觉得这些玩啤酒的人简直疯了。

糖

很多崇尚手工或者精酿啤酒的酿酒师都不愿用玉米和大米糖浆替代价格更为昂贵的大麦，但他们心中依然无法抵御在啤酒中使用不同糖类来增加啤酒风味的诱惑，这并不是人格分裂。

于是，他们想到把糖熬制成不同颜色，就如同我们小时吃的糖人一般特殊的味道，把它们放进啤酒中。而意想不到的是，使用这种熬制糖最专业的竟然是荷比卢地区的修道士们，他们以酿造修道院啤酒而著名，其中赖以成名的绝技就是各种颜色的糖的使用。

蜂蜜也是一个绝佳的糖分来源。奥巴马在进入白宫当总统之后，就在后厨弄了一套简易酿酒设备，利用白宫花园中的蜂蜜酿造独特的蜂蜜艾尔，并在媒体前大大展示一番亲民的形象。

还有酒鬼们非要说服自己啤酒是健康的饮品，他们便在酿酒过程中把乳糖加进啤酒，由于酵母无法代谢乳糖，他们在喝酒时竟然尝到了神奇的乳糖甜味，于是一种叫作"牛奶

■ 咖啡豆的元素也加入啤酒中（图片来源：Pixabay）

世涛"的啤酒也出现了！

咖啡和可可

现在世界上有一种很火爆的啤酒叫作"咖啡啤酒"，顾名思义，就是啤酒里加入了可可粉或者咖啡豆的萃取液，相信你已经见怪不怪，因为酒鬼们但凡是一切美好的东西都敢往啤酒里加。记住，当你在高级一点的酒馆无所适从时，咖啡啤酒一定不会出卖你，它也一定能带给你从酒保到身边人的关注。

牡蛎

想要大海的味道吗？那咱们在酿酒煮完麦芽汁后从牡蛎壳中过一遍吧，把壳里大海的味道留在酒中……这一切只是开始，只要你想，贝壳、螃蟹、龙虾，也不是没有可能……

当然，这一节恐怕再这样写下去就失控了，还是来点温和的吧。笔者和小伙伴们在自酿啤酒的过程中，上述各种辅料除了难弄的牡蛎基本都玩过，还尝试过各式各样的中国风。紫苏、金骏眉、正山小种、抹茶、云南小朵玫瑰、茉莉花和桂花都尝试过，把酒送给荷兰的酒厂酿酒师时惊艳众人，还勾起了他们要和笔者合作酿造茉莉花和桂花啤酒的冲动（并非吹牛），无奈大批量的花运到这里实在艰难。笔者还试过酿造异域风情的龙舌兰啤酒，加了很多龙舌兰糖浆，怎么说呢，的确有那么一丝墨西哥风情。人有多大胆，啤酒就有多大产。

啤酒辅料的使用，为所有的酿酒师打开了一扇连接啤酒和这个世界所有美好的大门，无穷的想象力就此再无终点！

并不是东施效颦——像红酒一样过桶！

貌似除了伏特加，全世界的其他酒都对发酵容器有着极高的要求，这些发酵容器很大程度上决定了酒最后的风味。其中最典型的之一就是白酒对窖池的追求，一些百年老窖由于形成了独特的微生物群落从而直接决定了白酒的质量，这也是茅台酒永远无法离开茅台镇的原因。老窖的窖泥也因此价格不菲，前几年曾经出过某酒厂老窖窖泥被偷挖几十公斤从而造成了巨大损失，结果几个参与偷盗的人直接被判处重刑，可见窖泥的价值之高。

　　葡萄酒、白兰地、威士忌、朗姆、龙舌兰和金酒，无一不对酒桶有着极高的要求，可以说正是酒桶成就了它们的独特味道。啤酒以往也是如此，在没有实现工业化大生产的阶段，啤酒都会在木桶中完成发酵过程。伦敦波特需要在高达三层楼高的大木桶中发酵，甚至出现过 1814 年木桶倒塌引发啤酒洪水，在伦敦淹死 8 人的惨剧。

　　而直到今天，英国酒馆也在流行一种叫作"木桶艾尔"的几乎没有泡沫的啤酒，它的最后发酵甚至侍酒阶段也在木桶完成。德国人和捷克人更是如此，在木桶中装好待发酵的啤酒后，便抓紧推入地窖开始"拉格"（德语直译就是"窖藏"

■ 过桶啤酒的价格往往非常高，不亚于一瓶顶级白酒（摄影：刘昆）

的意思）。

工业化大生产啤酒的酿造很快转移到大型的不锈钢罐中，似乎一罐 50 吨都是平凡的。但随着精酿啤酒革命的到来，啤酒又要再次加入使用木桶的大军中。看似多此一举，但其实更为创新，它使用已经发酵过某种酒的酒桶，在其中静置 1 ～ 2 年，静静等待啤酒与酒桶独特风味的融合。用过的白兰地酒桶、各式各样风格迥异的威士忌酒桶、红酒桶、朗姆酒桶，基本都能高价卖给疯狂的啤酒酿酒师们。

不过凡是用来过桶的一般都是口味很重的帝国世涛和大麦烈酒等啤酒，否则普通啤酒又怎么能承受得起木桶浓郁的味道？强者越强，随着味道进一步升级的，还有那不菲的身价。美国山姆·亚当斯（Samuel Adams）酒厂的招牌乌托邦（Utopias）啤酒，过 7 ～ 8 种木桶，包括红酒到威士忌的各个不同种类，前后 10 ～ 15 年才装瓶，一瓶卖上你几百美刀。

可别觉得贵，当你还没反应过来到底舍不舍得时，就被其他酒鬼抢走了。

当然还有一些啤酒在过桶时不仅为了融合木桶的味道，还为了留有进一步发酵的空间。比如要在香槟木桶中老老实实待上 3 年的原汁兰比克啤酒，它们普遍利用酒桶（尤其是葡萄酒桶）中的微生物残留（比如各种野生酵母）产生酸味（乳酸为主）和其他特殊风味，过桶成为它们必备的发酵工艺。

如今世界顶级啤酒排名基本被过桶啤酒垄断，笔者觉得已经不需要过多解释：往往顶级啤酒也比较昂贵，过桶在增加味道之外，也是一个提高身价的良方。以至于现在也开始逐渐流行一种新的烈酒，它们选择在陈年过啤酒的木桶中陈酿，啤酒的过桶文化也开始反哺了。

终于把啤酒可以扩展的维度讲得差不多，可以装瓶进入市场。下一章起，笔者就要告诉你各个国家的酿酒师们怎么玩转这些神奇的维度，把水、麦芽、酵母、啤酒花、辅料和酿造方式不断组合，演化成如今这么庞大的啤酒家族。这些啤酒风格的形成实在有趣，一部啤酒风格演化史，就是半部世界史。

第三章

CHAPTER 3

一部啤酒史，半部世界史

　　啤酒几乎伴随着人类农业文明的出现而发展，而又随着欧洲人航海时代的船舶走到了全世界，然后被强势的现代消费文化带起了又一波精酿革命。王朝在更迭，时代在轮转，啤酒却在那里不为所动，依然为人类提供着酒精与快乐。

啤酒竟然起源于中东？

　　人类目前接受程度最广的古老啤酒发酵痕迹出现于新石器时代（约公元前 7000 年）。在欧亚大陆交界地的伊朗，考古专家在陶罐表面发现了大麦汁发酵的残余。彼时并没有复杂的蒸馏技术，不可能依靠谷物产出蒸馏酒（威士忌、白酒、伏特加）等烈酒，因而专家推断这就是最早啤酒发酵的痕迹。

　　在附近的扎格罗斯山脉也发现了麦汁覆盖的石块：古老的啤酒酿造过程，并不能像今天一样完美控制大麦出糖的温度（65℃～72℃），只能将石块烧得通红，按照酿酒师的经验投入水浸的大麦获得预想的温度。彼时的啤酒也不像今天

■ 苏美尔人记录喝酒的石板，那时用芦苇秆啜饮啤酒

一般经过复杂配方设计、精细工业生产和终端物流销售，更像是谷物粗糙发酵的产物，浑浊且口味复杂。

啤酒成为社会文明的象征

在两河流域的苏美尔文明期间，6000 年前的石板上，记录了人们使用芦苇秆喝啤酒的场景。这种喝酒方式与希腊亚美尼亚诗人色诺芬的巨著《远征》（公元前 5 世纪）中关于如何喝啤酒的具体描述非常接近。

> 当地有很多商店，它们售卖小麦、大麦、蔬菜和用罐子卖的大麦（啤）酒；大麦酒上面漂浮着一些谷物，中间插着长短不一的芦苇秆；想喝的时候需要通过芦苇秆啜饮，小心别喝到下层的苦涩沉淀。没有混过水的啤酒度数还挺高，味道当然更好一些。

这种酒其实更像是一种发酵过的粥。

在苏美尔人文明中赞美酒神宁卡西的诗歌中，描述了这种古老啤酒的配方：使用双层大麦面包加水发酵便可得到啤酒。苏美尔人还写出了世界上最早的酒评："啤酒的美味犹如底格里斯河和幼发拉底河般凶猛"。

不过从专业的角度来看，这种纯粹描述意境而让其他饮酒者抓不着头脑的抽象描述，完全不是合格的酒评。但笔者在这不是吹毛求疵，开个玩笑而已，大家也可以凭此看出

■ 汉谟拉比法典（图片来源：
Pixabay）

当时的人们毫不吝惜对啤酒的赞美之词。

酒神宁卡西是女性，这也赋予了苏美尔人最早女性解放的可能：当时的酿酒师都是女性。啤酒不仅用来饮用，也在宗教祭祀中大量使用，而相关的神职人员也是女祭司。

集两河流域文明之大成的后继者古巴比伦，延续了啤酒的辉煌，第六代国王汉谟拉比（公元前 1792—前 1750 年）则因他颁布的法典而闻名于世。随着楔形文字的翻译研究，这部法典也慢慢揭开了神秘的面纱。

法典中的第 108 ～ 110 条曾严格规定了啤酒与酿酒师（只允许女性）相关的内容：

108. 如果酒馆老板只接受现金支付，不接受等价的谷物实物支付，她就涉嫌违法而应该处以水刑；

109. 如果谋反者在酒馆中会面，

酒馆老板并未举报并协助抓住他们送入法庭，她将被处以死刑；

110.如果神庙中的神妻开了酒馆，或者她进入酒馆喝酒，她将被判处火刑。

可以看出，在近4000年前的古巴比伦，酒馆已经是社会上极其普遍的社交场所。这里消费旺盛，人头攒动，活动众多，导致汉谟拉比法典中竟然有三条是对酒馆的约束。由于啤酒必须来自谷物发酵，是一种相对高级的消费品，在古巴比伦时代，啤酒也成了身份与地位的象征。当时还有法律规定了国王、贵族和平民阶级每天能允许的最大饮酒量。从这个角度来说，现在的酒鬼们比当时的国王都要过得好太多了。

|啤酒重塑人类文明

在神秘的古埃及，啤酒则被赋予了更加复杂的宗教和经济意义。

古埃及人一直认为上天赐予以色列人的礼物是一种用面包酿造的犹如稀饭般的啤酒，叫作"wusa"，它带给了以色列人神秘的法力。在埃及神话中，上天也为了惩罚人类犯下的罪恶派出了女神赛克迈特，她是个嗜血的狮身怪兽，疯狂

■ 考古发现的古埃及酿造啤酒的泥俑群，当时制作啤酒的作坊已经开始有规模化的生产（摄影：E. Michael Smith）

屠杀人类。后来埃及人发现给女神供奉一种掺杂了麻醉药草的红色啤酒，女神便会当做人血喝下去，于是整日处于醉酒昏迷状态，久而久之这种啤酒便拯救了全人类。

　　古埃及的上层祭祀法老们，产生了对啤酒浓厚的崇拜之情。考古记录证明，5000 年前的埃及法老们，日常都会喝一些啤酒，还用它来进行宗教祭祀活动。

　　随着埃及工农业的发展，当啤酒得以批量化生产后，啤酒更是走入了平民生活。当时啤酒几乎等同于货币流通，比如当时数以万计的金字塔修建工人的工资，都是用面包和啤酒结算。每人每天可以拿到约五升啤酒，基本当水喝。大量出土的那时的石板上也经常可以看到埃及人酿酒、喝酒的场景。

　　古代的人类还将啤酒大量写进神话和文学创作中。

考古发现了古巴比伦在公元前 2150—前 2000 年的一部楔形文字泥板著作——《吉尔伽美什史诗》。这部史诗描述了苏美尔时代的乌鲁克王国英雄首领吉尔伽美什的传说故事，达 3000 多行。最著名的故事便是众神之王恩尼尔降下洪水试图毁灭人类，然后水神伊亚建造大型方舟帮助人类和动物度过浩劫，与后来《圣经》中诺亚方舟的故事高度一致，著名的《荷马史诗》也深受此书影响。

吉尔伽美什在征服一个野蛮人恩奇都的过程中，发现武力不起作用，决定采用更先进的文明来同化他。他赐予恩奇都一个美女，在交往的过程中，美女带去了乌鲁克王国的最大特产：面包和啤酒。从未尝试过如此美味的恩奇都便开始大快朵颐。在吃完面包之后，他开始大喝啤酒，喝的时候美女还在一旁欢唱：

吃下面包吧，恩奇都，面包赋予我们生命！
喝下啤酒吧，恩奇都，那是这片土地的灵魂！

喝着喝着，恩奇都脸色绯红，开始愉快地唱起歌来，完全失去了凶猛残暴的一面。结果他一直喝了七大杯啤酒，然后便很快醉得不省人事。美女让他使劲呕吐，经过了大半天的时间，才慢慢恢复过来！这应该也是人类历史上第一次醉酒记录。

恩奇都就这样被文明的力量感化，和吉尔伽美什仇怨顿消，成为了亲密无间的战友，在后续的吉尔伽美什的史诗故事中，他俩成为了拯救人类文明的大英雄。

希腊著名的悲剧作家索福克勒斯（公元前 450 年）也在他的著作中写道，一个希腊人最完美的菜单包括"面包、肉、各种蔬菜和啤酒"。古代希腊人还制作度数较高的啤酒，放在银器和金器中饮用。

可以明显看出，啤酒在中东和埃及地区首先出现并扩展开来，这和大麦的征服历史几乎如出一辙。可惜的是，随着中东和西亚地区气候几千年来的变化，土地越发干燥不适合大规模农业种植，忌酒宗教的兴盛也导致了酒类市场的急剧萎缩，如今啤酒在它的起源地已经几乎消失匿迹。

笔者也开一开脑洞，单纯地论述下啤酒对古人发展农业文明的意义。在小麦给人类提供食物之外，大麦酿造的啤酒也在一定程度上满足了人类精神层面对酒精的需求。这种需求在现在看来并不算糟：人类总是需要精神 / 神经类物质的刺激，几千年来酒精的表现算非常良好了，造就了多少文人雅士、天造之才和盖世英雄，否则自然界无数天然的精神类物质和天然毒品恐怕早就毁掉了人类的祖先。

另外，大麦和啤酒促使人们选择稳定在一块土地上，耕种出自己需要的粮食，做成面包和啤酒，获取食物和酒精的难度大大降低，人口的数量大大增加。酒精也使得人们体力劳动带来的疲惫感更容易释放，社交属性也促进了社群的团结与合作。久而久之，生产力的提高促进人类数量进一步增长，并空余出劳动力发展手工业、自然科学等，它们与农业的发展形成了互相促进的作用。

不过从某种程度上说，到底是人类驯化了谷物让它们为我们产生大量的食物和酒精，还是谷物驯化了人类使其成为忠诚耕种它们的奴隶，这还真是个不好说的哲学话题。由于本书主要关于啤酒，笔者就不再开脑洞了，专心谈酒。

|啤酒与葡萄酒的战争

随着欧洲进入罗马帝国时代（公元前27—公元1453年），欧洲也实现了表面上的大一统，政治、经济和文化等逐渐融合。伴随罗马帝国的发展，啤酒的脚步逐渐扩张到跨越欧亚非三大洲的广袤土地上。尤其是如今地理上法国、英国、巴尔干半岛等地的融入，带去了大量的大麦产地，啤酒的生产区域得到了很大扩张。

但啤酒的酿造还是一个很难保证稳定质量的技术，它依然是一种上面有漂浮物、下有沉淀、浑浊不堪、保质期短、随时可能发酸的饮品。随着罗马帝国手工业和农业的兴起，尤其是葡萄的大规模种植，啤酒的地位受到了极大挑战。

葡萄的优点非常多：糖分含量非常高且可以直接被酵母消耗；作为一种经济作物并不属于国家宝贵的战略粮食储备；酿造过程不需要在复杂的温度控制下出糖，亦不需要像啤酒一样必须煮沸麦芽汁；葡萄的表皮更是自带天然酵母；葡萄皮和葡萄籽里的单宁也能起到防腐效果。这让它迅速火爆起来。

除此之外，罗马帝国的兴衰史，更是基督教兴起、繁盛、分裂到世俗化的过程，宗教的影响贯穿了整个欧洲。基督徒们天然相信基督教中"以葡萄酒为圣血，以面包为圣体"的教义，这使得葡萄酒的扩展又有了一层宗教含义。

于是乎，啤酒逐渐被流放到了帝国的边缘，那里居住着最底层的人民以及来自北方的蛮族，包括日耳曼人、凯尔特人、高卢人等。他们生活在如今地理上的英国、德国、奥地利、丹麦、荷兰、比利时等地，并没有最先进的文化与农业、工商业技术，且领地所在是更靠北的欧洲。那里天气要寒冷很多，只有零星地区能实现一些抗寒白葡萄酒品种的种植，几乎无法产出葡萄酒。

但这里却成为得天独厚的大麦生长环境。直到今天，曾经北方蛮族的领地——法国、德国、捷克、比利时和英国依然产出了世界上最多的大麦。谁曾想到，随着罗马帝国的衰亡，北方蛮族所在地区迅速崛起，这里的啤酒也自然成为占据主导地位的饮品，直到千年之后的今天依然如此。啤酒无论在产销量和经济产值方面，已经领先葡萄酒很多。

如今，罗马帝国曾经的北部边界，就是红酒与啤酒之间的界限。这道线的形成，既有地理与气候的原因，也有宗教与政治的原因。而作进一步的分类时，德国和东欧等地由于气候更加适合酿造低温发酵的拉格啤酒，而西部的荷比卢和英国则以稍高温度发酵的艾尔啤酒为主。更加北方和东部的俄罗斯，气候更加寒冷，啤酒显然已经无法满足人们的需要，烈酒成为更优的选择。

罗马帝国衰亡后，经过晦暗无光的中世纪，随着文艺复兴运动的兴起，欧洲各国重新恢复活力。也正是在此期间，各国孕育出了各种特色的啤酒。但此时罗马帝国故土上的葡萄酒已经获得了压倒性优势，啤酒再尝试反扑都为时已晚，在法国、意大利、西班牙等国人民的心中，它已经成为排在葡萄酒之后的第二选择，价格与葡萄酒不可相提并论。

但这并不意味着啤酒没有逆袭崛起的机会，随着时代的演变和进步，啤酒通过走量在欧洲国家广泛流传开来，演绎出无数的新品种，并最终坐上人类第一酒精饮品的宝座！

往事跨越千年，时光星移斗转，啤酒，是这部恢宏历史的最好见证者！

第四章

CHAPTER 4

比利时啤酒：修道士与上帝的合作

　　比利时啤酒可以简单总结为一句话：修道士利用这一西欧重要粮仓塑造了一个啤酒的世界，而谐纳河谷完美的自然环境则塑造了当地人与啤酒的关系。

　　法国是基督教传承过程中极其重要的一环，这里曾经是罗马帝国武力征服北方民族的前沿阵地，也是宗教力量最为强盛的地区之一。后罗马帝国时代的法兰克王国，统治着今天法国北部、德国南部、比利时、荷兰、卢森堡的广袤地域，这里也因为气候和地理原因极少产出葡萄酒，成为啤酒占据主导的区域，而这个区域的集大成者就是比利时。

　　2016 年，联合国教科文组织将比利时啤酒正式列为人类非物质文化遗产。比利时啤酒获得了至高无上的殊荣！这是比利时所有啤酒的巨大成功和荣誉。

格鲁特——教会啤酒的巅峰

宗教势力曾经在今天的法国北部地区，也就是比利时达到顶峰，在公元 10—17 世纪，很多啤酒相关的物资原料都被教会势力牢牢把持，尤其是一种叫作"格鲁特"（Gruit）的原料。在啤酒花这种植物被广泛应用在酿造过程之前，它是啤酒最重要的味道来源。

它以大麦、艾蒿、蓍草、常春藤、石楠为主要原料，辅以杜松子、生姜、葛缕子籽、茴香、肉豆蔻和肉桂等香料和药草。这个配方被教会列为高等机密而垄断相关交易，当时它的交易中心处在比利时的布鲁日地区。彼时有欧洲"北方

■ 美丽的小城布鲁日（图片来源：Pixabay）

威尼斯"之称的布鲁日曾是法兰西王国的冬季行宫，是西欧贸易中心，整个城市的税收都依赖于教会控制下的格鲁特贸易，最高时超过 50% 的税收来自于此。

不过按照笔者个人的品鉴经验，这种神秘的格鲁特啤酒中几乎尝不到苦味，以至于喝多了会感觉非常甜腻，如果说能有什么作为中和的话，那就是各种浓郁的药草味道，尝鲜可以，适饮性并不佳。

也正因如此，随着北欧汉萨商业同盟将啤酒花的产业发展兴盛，猛烈地冲击了格鲁特配方的使用后，格鲁特也逐渐在历史中销声匿迹，布鲁日也丧失了往日的风采。虽然这些年有很多酿酒师尝试恢复这个有着悠久历史的啤酒种类，但无论如何已经不复往日。毕竟，它比起新崛起的啤酒花啤酒，的确从风味上就失败了，这很难由它的文化历史属性所弥补，注定只能小众。

▌特拉普联盟——修道士酿酒师

法国北部和荷比卢地区也是基督教改革的前哨。基督教先是经历了天主教与东正教的大分家，在 16 世纪马丁·路德宗教改革之前，西欧主流社会信仰天主教，严苛自律是保守天主教修道院的修士修女们终身修行的基本教义。而且在历史上，教会有自己的田地及财产，用以支持自己教派的宗教

■ 特拉普修道院之一的 La Trappe。事实上很多修道院产出的远远不止啤酒，还有面包、奶酪、肥皂等日常用品

修行，修士修女们自行计划安排耕作与生产，过着自给自足但清苦的生活。

随着经济更加发达，人口规模急剧扩张，但城市建设不成熟，地下水资源受到污染。出于公共卫生的考虑，通过饮酒来补充水分成了中世纪欧洲僧侣们居家修行保命之首选。到 1100 年，一个称作"熙笃会"（Cistercian）的教派成立于法国北部的拉特拉普修道院（法语译名，Abbaye de La Trappe）。其最为人所称道的，便是酿得一手好啤酒，并且贩售给世俗世界。在世俗世界里，这些修士 / 修女便被人称作特拉普（Trappist）修士。

在 1796 年以前，会酿啤酒的熙笃会教派修士们的确隐居在法国。但风起云涌的法国大革命中断了这种田园牧歌式的生活，天主教会受到了很大程度的冲击，一些法国修道院遭到洗劫掠夺，修道院修士为逃避断头台的惩罚（有家比利时酒厂的一款酒就叫"断头台"），被迫东躲西藏，大部分逃到荷兰和比利时，有的逃到瑞士、俄罗斯，甚至远走高飞到美国、加拿大，甚至连我国的澳门地区都有一家。前后有200来家修道院转移出去，可以说法国大革命间接起到传播这种修道院啤酒的作用。

由于生活简单而充实，这些修道士有着大把时间认真钻研啤酒的酿造过程，他们不接受商业化，只是希望能将啤酒的收入维持修道院的基本运营就好，因此反而更追求品质的精益求精。修道士们最为擅长的就是对糖的利用，他们将糖通过高超的技巧熬制成不同的颜色，也因此带来截然不同的风味，在酿酒时自然赋予啤酒与众不同的风味。此外，修道院啤酒也普遍采用瓶中继续发酵的方式，使得味道更加浓郁，同时沙口感也很强。

按照使用糖的颜色深度（主要有浅色和深棕色两种）和用料的多少，修道院啤酒普遍分为四类：

- 度数最低、颜色金黄、用料最少的单料啤酒；
- 度数较低、颜色棕黑、用料偏多的双料啤酒；
- 度数较高、颜色金黄、用料更多的三料啤酒；
- 度数最高、颜色棕黑、用料最多的四料啤酒。

不同的传统特拉普酒厂的命名方式不同，比如拉特拉普和西麦尔喜欢用这一套单、双、三、四料系统，智美喜欢用金、红、白、蓝四种颜色对应，罗斯福则喜欢用编号 6、8、10（不过罗斯福只有双料和四料，8、10 都对应四料），并没有固定的习惯。

也有说法是单、双、三、四命名系统跟修道院啤酒在出厂前需要在瓶中成熟的时间相关，它们分别代表一、二、三、四周。其实比较容易理解，度数越高的啤酒越需要在瓶中多待一段时间以减弱明显的酒精味道，使之变得更加柔和。而很多人听到这个名字就想当然认为是啤酒经过一次、两次、三次甚至四次发酵，或者用了多少倍数的原料，其实都是误解。

随着两次世界大战的爆发，作为欧洲主战场之一的荷比卢地区遭到了重创，但也使得比利时修道院啤酒被世界各国的士兵们发现。欧洲在"二战"结束后开始恢复重建，经济迅速恢复，随着人民生活水平的提高，修道院的啤酒产量远远无法满足需求。在此过程中，有非常多的厂商为蹭免费的广告，把自己家的啤酒叫作"××修道院啤酒"。这让保守的修道院忍无可忍，决定联合起来，建立维护修道院啤酒名声的同盟，同时起诉这些侵犯它们名誉权的酒厂。

最终到了 1997 年，特拉普修道院联盟成立，这个联盟不仅包含啤酒同盟，还包含奶酪、香皂等一系列修道院商品。联盟的标志是一个六边形的特拉普权威认证标志，只有经它们认证的酒厂才能将其生产的啤酒叫作"特拉普修道院啤酒"。

能获得这枚标志的酒厂必须满足以下
条件：

（1）特拉普啤酒必须生产于修道院
的院墙之内或附近；

■ 特拉普修道院啤酒官
方认证标志

（2）特拉普啤酒生产方式方法由修
道院的内部组织机构决定或参与指导；

（3）特拉普啤酒销售获得的利润主要用于供养修士或社
会慈善。

最早只有比利时的 6 家和荷兰的 1 家修道院酒厂加入，
随着特拉普的名气越来越大，也有更多的特拉普修道院开始
加入酿酒卖酒的行列，目前全世界已经有 11 家得到认证或待
批准的特拉普修道院酒厂。

这些酒的酒厂从左往右分别为：

（1）阿诗（Achel）啤酒，酒厂全称是 Brouwerij der

■ 所有特拉普修道院啤酒合影（摄影：Philip Rowlands）

Sint-Benedictusabdij de Achelse Kluis，位于比利时。传统的7家特拉普修道院酒厂之一，主要有六种产品。

（2）智美（Chimay），酒厂全称是 Brasserie de Chimay，位于比利时。传统7家特拉普修道院酒厂之一，主打四种啤酒，也以制作搭配啤酒的四种奶酪著称。智美也是第一家把特拉普认证标志打上啤酒商标的酒厂。

（3）恩格斯塞尔（Engelszell），酒厂全称是 Stift Engelszell，位于奥地利。新晋酒厂之一，目前有三款啤酒。

（4）拉特拉普（La Trappe），酒厂全称是 Brouwerij de Koningshoeven，位于荷兰。传统7家特拉普修道院酒厂之一，几乎做任何一种啤酒，最大特点是多样性，也拥有排名第一的产量。

（5）奥弗（Orval），酒厂全称是 Brasserie d'Orval，位于比利时。传统7家特拉普修道院酒厂之一，基本只酿一款酒对外销售，使用了香料、干投酒花和特殊酵母，味道极具特色，同时修道院有一款内部版。

（6）斯宾塞（Spencer），酒厂全称是 St. Joseph's Abbey in Spencer，位于美国。新晋酒厂之一，风格极具美国特色，主要生产 IPA、帝国世涛等。

（7）罗斯福（Rocherfort），酒厂全称是 Brasserie de Rochefort，位于比利时。最早成立的特拉普修道院酒厂（1595年）拥有6、8、10三款深色啤酒，其中6是双料，8和10是四料。

（8）三喷泉（Tre Fontane），酒厂全称是 Tre Fontane Abbey，位于意大利。最新加入的酒厂，特色是加入修道院周边桉树叶的味道，啤酒有着浓郁的药草味。

（9）西麦尔（Westmalle），酒厂全称是 Brouwerij der Trappisten van Westmalle，位于比利时。第二古老的修道院酒厂，是双料和三料啤酒的创造者，在修道院啤酒发展历史上有着举足轻重的地位。

（10）西弗莱特伦（Westvleteren），酒厂全称是 Brouwerij Westvleteren/St Sixtus，位于比利时。出产 8、10、12 三款啤酒，其中 12 是长期牢牢占据世界啤酒排名第一的啤酒，一瓶难求。

（11）津德尔特（Zundert），酒厂全称是 Brouwerij Abdij Maria Toevlucht，位于荷兰。津德尔特是荷兰著名画家梵高的出生地，也是刚加入联盟的酒厂，目前仅有一款啤酒上市。

修道院中产生的世界第一啤酒

西弗莱特伦 12，又常被叫作 W12，长期占据世界啤酒排名第一的宝座，无论是点评总数还是得分都很有说服力。然而，这其实也有很大程度的情怀成分。由于西弗莱特伦售酒并不为盈利，此酒也极为低调，甚至连瓶标都没有，也不通

■ W12啤酒是西弗莱特伦酒厂的三种
啤酒之一，获得的国际认可很高，
区分这三种啤酒仅仅是靠瓶盖颜色
不同而已，因为没有瓶标

过任何公开渠道售卖，而通过非常传统的电话预约来修道院
取货，预订要求同一个电话号和同一个车牌（必须是比利时车
牌）在三个月之内最多一次只能购买两箱48瓶，可谓极其艰难。

笔者和啤博士的朋友们曾经尝试过两次预订，因为正好
有一位啤博士在比利时工作，于是我们就一起打电话报他的
车牌号。笔者在一次订购中就打了700多个电话才接通，其
他人打的电话加在一起这个数字就更多。这也难怪，虽然修道
院卖给你时只要约10元人民币一瓶，拿到手却立即可以10倍
甚至更高价格卖出去。这种饥饿营销真是让其他商业公司都汗
颜，不过需要郑重说明的是，修道院本身并没有想过任何营销。

不过也有例外，西弗莱特伦修道院曾经发生过院墙倒塌
的灾难，为了筹集资金，修道士们只能赶工多酿了一些，还
把这些啤酒推到超市去卖。相信你也想到了，在超市上市后，
瞬间被抢购一空，修道院也筹集到了足够的资金。后来，这
种修道院恐惧的"霉运"，或者换句话说，酒鬼们期待的"好
运"，却再也没发生过。

笔者喝过很多次西弗莱特伦啤酒，要说它是否对得起世

界第一的身份，肯定有人觉得存在情怀和文化炒作的成分。但说句公道话，这款啤酒体现出了修道士们对比利时深色糖运用的巅峰状态。啤酒打开后，不仅有浓郁的深色果脯、糖浆、蜂蜜和葡萄干味，麦芽味完美压住了高达 10.2% 的酒精度，还有让人感到非常舒适的类似荔枝和梨的味道，是其他所有修道院四料啤酒所没有的，这些让这款酒的平衡性达到了无可逾越的高度。

虽说牢牢占据世界第一对其他用心的酒厂和酿酒师不太公平，但这款酒在漫长的岁月中依然保持如此高的评价水平，可见质量的稳定也是非常重要的核心。再考虑到酒厂与世无争的情怀和认真酿酒的态度，这款酒被大家如此青睐也就很好理解了。

前文讲过特拉普联盟在"假冒"的酒厂面前被迫联盟起来，但也不可能让这些酒厂从此倒闭。不允许使用特拉普的标识，它们非常机智地选择了修道院啤酒（Abbey Beer）这个说法。而在中国，大家有时翻译时就会把这两者搞混。

其中还有很多很优秀的啤酒，比如曾经给西弗莱特

■ 罗斯福 10 号、W12、圣伯纳 12 经常被放在一起对比（摄影：墨船长）

伦长期代为酿酒的圣伯纳（St. Bernardus）酒厂，在西弗莱特伦恢复生产后依旧按照这个配方继续生产圣伯纳 12 啤酒。这个名气就显然不如西弗莱特伦，但它们之间的质量差别，远远没有它们的名气差别大。

这就好比大闸蟹产自阳澄湖、豆瓣酱产自郫县、火腿产自金华后就完全是另一番身价一样。所以当酒友们难买到西弗莱特伦 12 的时候，可以考虑一下极具性价比的圣伯纳 12。

圣诞啤酒

这种啤酒最早起源于北欧。可怜的北欧人，与葡萄酒的世界近乎地理隔绝，在欧洲的商贸体系中也被排除在外，几乎无法在寒冷的冬季拿到一瓶优质的葡萄酒庆祝圣诞。于是最早从维京人起，他们便尝试酿造一些冬日里喝的高度啤酒，久而久之便获得了"圣诞啤酒"的名字。

作为啤酒大国的比利时怎么耐得住寂寞？必然要将这种啤酒发扬光大。最早开始动手的是 1926 年的比利时时代啤酒集团（Stella Artois），将商业化酿造圣诞啤酒成为可能，但此时的圣诞啤酒只是金色的拉格。而在 1948 年的冬季，智美修道院推出的圣诞特典（Spéciale Noël）则让圣诞啤酒经由修道士们的影响力送入千家万户，遗憾的是智美后来把这个啤酒改名为"智美蓝"，成为它家的四种颜色 / 口味的经典啤酒之一，以后其他酒厂再做的圣诞啤酒基本都延续了这个风格。

　　所以你也能看得到，圣诞啤酒逐渐从淡色啤酒变成了修道院四料啤酒的升级版本，酒精度更高，味道更加浓郁甚至甜腻，坚果味、深色果脯味和糖浆味更重，好比是味道厚重的陈年红葡萄酒一样，在圣诞的晚餐上为大家增添酒意背后的节日气氛。

■ 今天的智美蓝就是由圣诞特典啤酒演化而来（摄影：墨船长）

从这个角度来说，圣诞啤酒更像是一种文化现象。它发源于曾经落后的北欧，被比利时的商业啤酒集团接管，然后经由修道士之手，一步一步让配方更加精致、味道更加厚重，也被赋予了越来越多的文化气息。直到今日，圣诞啤酒依然是冬季比利时啤酒店中显眼的一颗星。

比利时白啤

　　作为欧洲西北部的粮仓，比利时也产出大量的小麦，酿酒师们当然会将这一天赐物产用在啤酒酿造中。他们会将大麦和小麦对半添加，有时也会加入一部分燕麦，让大麦中的酶辅助分解小麦中的淀粉，这种小麦啤的口感可想而知，因此它曾经是比利时最流行的"液体面包"。由于泡沫洁白无瑕，酒体略微混浊，这种啤酒就被叫作比利时白啤（Witbier）。

相比最为流行的德式小麦啤，比利时小麦啤还有一个绝活：香料的添加。比利时人大胆加入橘皮、芫荽籽等香料，进一步增加小麦啤柑橘味水果芳香和香料味，与德式的丁香酚、香蕉味乙酸异戊酯和吐司面包味大不相同。更加疯狂的酿酒师还尝试过加入甘菊、孜然、桂皮乃至天堂椒以增味，成为一大特色。

■ 呼哈尔登（Hoegaarden）的中文名为"福佳"，这一品牌也几乎成为比利时白啤的象征(摄影: 张之州)

自 15 世纪起，小麦啤就在比利时广为流传，但很不幸地经历了"二战"之后，比利时啤酒业被重创，这种小麦啤 / 白啤也因为使用重要的粮食战略物资——小麦而被严格限制，以至于战后它也消声匿迹。

但 20 世纪 50 年代后，比利时人又重新想起了这种经典的啤酒，尤其是以酿造比利时白啤闻名于世的比利时小镇呼哈尔登（Hoegaarden），更是成为复兴这种啤酒的中心。现在市面上的比利时白啤，基本都产自这个比利时特色啤酒小镇。一杯低度啤酒加上独特的酒杯映衬，甚至也可以考虑加上一片鲜柠檬，成为夏季消暑的不二选择。

｜兰比克——大自然的礼物

　　比利时所在的山区附近，由于土壤肥沃、气候宜人、地理位置优越，曾是欧洲著名的水果产地，主要是各种杏、樱桃等浆果。由于它们表面附有大量野生酵母菌，久而久之，在当地空气中聚集了大量有益菌，比利时也因此产生了各种野菌发酵的啤酒——兰比克（Lambic）。据已经去世的啤酒作家迈克尔·杰克逊（是的，真的和大明星重名了）的调查，

■ 兰比克就是这么任性地敞口欢迎空气中的野菌（图片来源：Cantillon 官网）

这一词就源自这种啤酒的酿造中心——lambeek 小镇，它位于如今布鲁塞尔南部的谐纳河谷中心处。

在空气中收集到足够的菌落后，啤酒就被转移到木桶中发酵，兰比克的味道极其丰富浓烈，以其特有的酸爽和霉香而著名。喜欢它的人觉得无以复加，而不喜欢的人则觉得无法下咽，就好比中国的豆汁、臭豆腐一样。它使用的酒花是陈年酒花，目的是防腐。陈年酒花的芳香精油已经挥发，而产生苦味的阿尔法酸也被分解，所以不会对兰比克的味道有太大的影响，导致兰比克几乎没有苦味和酒花香味。

由于它的发酵完全由空气中的微生物对麦汁进行发酵，因此兰比克啤酒的风味几乎完全取决于酒厂发酵车间的微生物环境，这也是为什么兰比克啤酒的生产厂家不愿意随意搬家也无法大量增产的原因，有的即使搬家也要把发酵车间原封不动地搬走。比较著名的是传奇酒厂康迪昂（Cantillon），自建厂以来从未搬家，如今已经是一个政府授权的酿酒文化遗产暨博物馆，直到现在依然在酿酒。

笔者曾经在几年前在康迪昂兰比克酒厂的开放日参观过，其中一个细节印象深刻：酿酒车间有些角落里有一层又一层的蜘蛛网，让人不禁担心它的卫生条件。但酿酒师告诉我们，这些蜘蛛是他们故意"饲养"的，由于他们酿酒依赖空气中的野生菌种，因此严格不能实施空气消毒工序，完全依赖自然。同时为了防范酿酒过程中的蚊虫，就需要这些大自然的猎手来保卫酿造中的脆弱啤酒。

为了防止麦汁腐败，兰比克的生产一般都是在天气凉爽的秋冬季节进行。陈年的兰比克需要发酵三年左右，各种菌类会赋予啤酒各种各样的味道，包括并远远不限于酵母带来的酒精、酚类醛类味，乳酸菌带来的酸味，甚至其他杂菌带来的牲畜棚、马毯、发霉的味道。除了一些酒鬼老饕能受得了原汁兰比克味道的"惊艳"，普通人一口下去多半会立即吐掉，味道实在太过"惊悚"。

因此有的酿酒师会把年轻的兰比克（比如陈酿 1 年）和陈年的兰比克（陈酿 2 ～ 3 年）混合再发酵，由于年轻的兰比克残糖比较高，所以两种兰比克混合之后还会继续发酵，形成了一种新的风格：贵兹（Gueuze）。一些老的贵兹啤酒还会继续发酵，显示出非常丰富的各种微生物发酵的味道，

■ 兰比克啤酒家族（摄影：刘昆）

■ 繁忙的一天工作后，来上一杯水果兰比克放松身心，男女皆宜（摄影：刘昆）

比如细菌发酵的酸味，酵母发酵的水果香、花香和霉香等这些味道，是兰比克系列中不可多得的极品。

更加温和的兰比克会加入樱桃、杏、树莓、葡萄、桃子等水果，混合之后再陈酿数月到一年不等，这些兰比克叫作"水果兰比克"（Fruit Lambic）。水果兰比克会带着浓郁的水果味道，同时带有兰比克特有的酸味，野生酵母的霉香也有着不错的表现，但相比正宗兰比克已经被改良很多。还有的兰比克干脆直接混合糖类，让酒彻底温和下来，这就是法柔（Faro），比较适合初次尝试兰比克的酒友们。

法兰德斯酸艾尔

比利时曾经是荷兰的一部分，北部的法兰德斯地区直到今天都在讲类似荷兰语的法兰德斯语，而南部的瓦隆地区则在讲法语。在此地生活许久的法兰德斯人当然也有自己的特色啤酒，这就是他们的酸艾尔。

一种是法兰德斯红艾，由于广泛使用颜色较深的维也纳或慕尼黑麦芽作为基准麦芽，且混合有一定比例的颜色更深的焦香麦芽。最终的发酵步骤更是需要在巨大的橡木桶中陈酿两年左右，融合了橡木桶中产生酸味细菌的各种元素，最终形成了它独具特色的复杂水果香、麦香、酸味。它甚至是所有啤酒风格中最接近红酒的，所以这种风格的酒也被称为

■ 罗登巴赫（Rodenbach）酒厂内巨大的木桶发酵罐

■ 这款勃艮第女公爵成为法兰德斯红色艾尔中的代表作之一（摄影：刘昆）

"比利时的勃艮第"。

而另一种则是颜色偏深棕色的法兰德斯棕艾。它在浅色麦芽之外使用了更大比例的深色焦糖麦芽甚至直接使用烘烤过的黑色麦芽，麦芽的味道自然层次感更丰富。不止于此，它还会在主发酵之后长期窖藏，甚至额外添加一定的乳酸菌和小球菌，让酸味更加明显并占据主导地位。

目前通过越来越高超的菌种遴选技术，酸啤的生产已经不再受限于自然条件和木桶，酿酒师们已经在基于组合的酸菌做各种各样的自然发酵艾尔。酸啤也由于它的加工生产难度、味道丰富程度而逐渐走向高端酒的行列，随着喜欢喝酸啤的人越来越多，这种酒将会有无尽的提升空间。甚至某些酸啤中也有了类似葡萄酒年份酒的概念，毕竟对于依赖自然条件的酒类而言，自然的一丁点儿变化都会造成完全不同的体验和风味，这也是未来的发展趋势。

而从另一方面，低度数的酸啤也倾向于水果化去迎合不善饮酒尤其是女性消费者的需求。比如，很多酸啤也有了樱桃、覆盆子、蔓越莓、李子等各种版本，加入水果发酵之后，本身也提供酸性物质，但可接受的程度就高很多。也正是因为新鲜水果的使用，让这些酒在更加易饮之余有了更多的营销概念。

赛松啤酒

赛松（Saison）在法语中代表"季节"的意思，对应的英语单词就是 Season。顾名思义，它代表一种与季节相关的啤酒，笔者音译成了赛松。

■ 赛松最早在农场中发酵，也因此带有"谷仓"味（图片来源：Pixabay）

在气候更温暖的比利时南部瓦隆地区，当地的农民更流行在头一年冬天或年初的春季酿造啤酒，将家中多余的各种谷物（大麦、小麦、燕麦等）一并发酵到夏天，就保存在谷仓中的木桶里，直到夏季。由于长期发酵和各种野菌的影响，赛松极容易有各种野菌味、香料味，甚至各种各样复杂的味道。

由于长时间发酵、发酵原料/配方复杂、参与菌落多样化、各种味道添加物（香料、酒花、谷物）多样化，赛松目前是一个庞大的家族。因此，这种啤酒颜色可以从淡色到深色，度数可以从3度到10度，口感可以从精致到浓郁，时常带有野菌和香料带来的"野味"，维度非常之广。酒友们在进入赛松啤酒的世界后，一般都会很快被它的广度而震惊到。而由于它的历史和独特发酵场地，美国有时也习惯性地将它叫作"谷仓艾尔"（Farmhouse Ale）。

北法窖藏啤酒（Bière de Garde）也是瓦隆地区到法国北部的一种常见啤酒，不过它与赛松属于同一段历史演化而来的相似啤酒。它一般在早春时节酿造后，便长期冷藏于地窖中，并不像赛松一样直接放置在谷仓中，直到天气转暖时才拿出来饮用。相比赛松而言，它更加突出麦芽的香味，而缺少一定的酵母和其他菌种带来的香料味、酚类醛类味，苦味也会降低一些，总体上更加易饮。法国人产出非常多优秀的红酒种类，分类也很严格、价位从昂贵到平民消费水平不等，即便是平民也消费得起餐桌级别（vin de table）的红酒，因而法国人古往今来很少喝啤酒。按照笔者个人看法，这种啤酒存在于法国北部与比利时接壤处，更像是一种餐桌红酒到北部啤酒世界的过渡种类。

修道院之外的比利时啤酒

事实上，在比利时啤酒界一直存在一个不大不小的争议：到底是比利时原本的啤酒影响了修道院风格，还是修道院啤酒影响了本地啤酒风格的演化？因为但凡每一种修道院风格的啤酒，都有一种本地的风格与之对应，要说味道的差距，普通人还真不一定尝得出来。

比利时淡色艾尔是一种 18 世纪中期在比利时演化出的啤酒，但它的风格深受英国苦啤的影响，融入了比利时元素。由于广泛使用颜色偏深、焦香味较浓的维也纳或慕尼黑麦芽，这种啤酒颜色一般呈现美丽的琥珀色，且有一定坚果味、饼干味和蜂蜜味，味道比较丰富且度数偏低。它目前基本是比利时地区最普通的酒款，历史上的地位也像"大绿棒子"之于中国人一般。

而度数稍高的比利时金色艾尔就类似于修道院单料啤酒，但它明显移除了香料的因素，更接近于东欧各种皮尔森和拉格啤酒。它的发酵程度高，喝起来清冽爽口，

■ 这种夸克（Kwak）啤酒及其能卡在马车上的啤酒杯，是较为流行的比利时啤酒之一（图片来源：Pixabay）

类似拉格加上浓郁的艾尔酵母酚类醛类味，也自成特色。而度数更高的金色烈性艾尔则味道更加浓郁，类似于修道院三料的版本。同理还存在一个比利时风格的深色烈性艾尔，对应于修道院四料，但二者的区别就明显小于其他风格，深色烈性艾尔更像是一个统称，它有时在分类时也能够涵盖冬季的深色版本圣诞啤酒。

不过，比利时的啤酒种类实在太多，本书无法覆盖每一种类型，比利时一些重要城市如安特卫普、根特都有自己的特色啤酒，只能希望朋友们未来慢慢去开发。

第五章

德国啤酒：日耳曼酒鬼的灵魂

　　啤酒是日耳曼人的灵魂，笔者相信在本书中说出这句话并不会被读者怀疑，这也足以证明日耳曼人，尤其是德国人对啤酒的钟爱。

最经典的拉格啤酒

拉格啤酒（Lagerbier）源自德国，拉格（Lager）本身就是德语"窖藏"的意思，德国是起源国家而后世界也沿用了这个名称，这足够说明这种啤酒在德国的地位：国宝级别的创造。日耳曼人是在罗马帝国时期最早接力啤酒酿造技术的族群，而德国人作为日耳曼人的后裔，对啤酒的追求可谓达到了极致。作为欧洲的大粮仓之一，德国人口和农业生产技术都保持领先。这里气候偏冷，非常适合大麦的生长。繁忙的劳作之后，人们总是需要酒精的安慰，长久以来这里成为世界上啤酒需求量最大的区域。

位于慕尼黑附近的魏恒斯特芬（Weihenstephan）酒厂，由同名修道院（Benedictine Weihenstephan）建于公元1040年，它是全世界保持连续酿酒最久、资历也最老的酒厂，已经连续生产了近1000年！

德国啤酒生产最典型的地区是著名的巴伐利亚州，首府是大名鼎鼎的慕尼黑，这座城市以世界最大的嘉年华和啤酒节而闻名于世。这里早在1516年便颁布了《啤酒纯净法》（Reinheitsgebot Law），这部法律以及后来的改进版本规定了

■ 魏恒斯特芬酒厂的标志已经显示出它厚重的历史

啤酒只能使用水、酵母、麦芽（大麦和小麦）和啤酒花四种原料酿酒。

彼时的巴伐利亚地区隶属于神圣罗马帝国，这是一个以分封为主的松散帝国。颁布这部法律最重要的目的是约束啤酒贸易及原料，实现征税和贸易保护的目的，但也从侧面反映出当时的人们对啤酒的旺盛需求。这里土壤肥沃，产出了大量的大麦、小麦和啤酒花等原料，且水质非常完美。

随着巴伐利亚州逐渐融入德国，这部法律也逐渐扩散到了整个德意志。但后来欧盟的建立使得各成员国贸易保护性质的法律陆续被废除，《啤酒纯净法》也已经成为历史。然

■ 《啤酒纯净法》中的绝大部分条款是关于贸易规则的

而很多德国的酒厂依然认为这是它们的荣耀，继续遵从《啤酒纯净法》生产标准的德国啤酒。由于它不允许添加其他风味物质，德国啤酒普遍以麦芽味、酵母味、啤酒花味为最大特色。

德国的水质普遍较好，因此基于这四种基本原料酿制，在较为凉爽的环境下发酵，普遍放在地窖中长期底层发酵并窖藏而来的啤酒，就成为了德国最经典的海莱斯（Helles）啤酒，或者经典的德国黄啤。捷克的皮尔森（Pilsner）啤酒也源自对这种啤酒的模仿和创新，不过后来德国人反而再次模仿并改良捷克的皮尔森啤酒，把它味道变得更加清淡爽口，不过皮尔森是捷克一座小城，从理论上讲只有当地的啤酒才能叫作皮尔森，德国的改良版本后来叫作"Pils啤酒"。此外，这种金黄色拉格还有很多衍生版本，比如十月节啤酒（Festbier）、三月啤酒（Märzen）、地窖窖藏啤酒（Kellerbier）等，风格多样各有特色。可以说，这里拥有世界上最经典的拉格啤酒，碰到喝一杯都是没有错的，几乎一半的德国啤酒都是这个类型。

但你要认为剩下一半的德国啤酒是另外一个种类，那就大错特错了！由于地理和历史原因，在著名的普鲁士铁血宰相俾斯麦于1871年统一小国密布的德意志土地之前，各小国之间有着分明的贸易和法律壁垒。久而久之，使得德国啤酒也带有明显的地域特征，以至于去德国任何一个微不足道的小镇，总能发现本地极具特色的啤酒。本书关于拉格啤酒的介绍很多，这里不再赘述经典的德国拉格，而重点介绍一些德国的特色啤酒。

博克啤酒

　　博克（Bock/Bok）一词在德语里是公羊的意思，象征着旺盛的生命力。而这种啤酒自 14 世纪起流行于德国爱贝克（Einbeck）地区，以浓郁的麦芽味、较高度数、新鲜爽口、风格百变而著名，在德国北部和荷兰极其流行。

　　它最普遍的就是春季博克和秋季博克两个版本，由于当时政府对酿酒季节的限制，基本上酒商们只有春季和秋季两个季节能酿造啤酒。博克啤酒也需要数月的窖藏（它也是一种拉格啤酒），因而当年春季酿造、秋季上市的成为了秋季博克，这种啤酒一般广泛使用深色糖浆，因而颜色较深、口味浓郁、度数偏高；而秋季酿造、次年春季上市的就变成了春季博克或五月博克，它的颜色较淡、口味温和、度数中低，更加易饮。

　　博克也有高度数版本的双料，在麦芽风味、酒精度上进行升级，而最为人称道

■ 春季博克（右）和秋季博克（左）外观对比（图片来源：Pixabay）

113

的则是一种叫作"冰馏博克"（Eisbock）的版本。酿酒师将发酵好的酒液（一般是秋季博克）急速冷却，利用酒精和水冰点（酒精冰点 -114℃，水是 0℃）的不同，水结晶后被过滤掉。余下的酒液则拥有更浓烈的酒精味、麦芽甜味和酒花香味，以及厚重浓郁的口感。

这种酒的发明源自 19 世纪 90 年代的德国北部库尔姆巴赫（Kulmbach）地区的雷赫尔（Reichelbräu）啤酒厂，在冬季的一天，厂里工人需要将木桶装的博克啤酒从地窖中送到销售商店里。结果这几个工人赶了半天路觉得太累，决定第二天一早再接着赶路，当天白天的天气比较温暖，他们就直接把博克啤酒木桶放在室外。然而当天夜里突然急剧降温，第二天等他们醒来时，木桶里的酒全都冻成了冰疙瘩！

由于冰的体积膨胀，有些木桶甚至爆裂了，知道真相的酿酒师赶到现场，眼泪不自觉地流了下来。虽无力挽救，但他看到大冰疙瘩中央有一些残留的浑浊深棕色酒液，出于一个酒鬼的基本素养，索性告诉工人们：咱们把冰砸开，把剩下的酒喝掉吧。

没想到余下的酒液味道大大出乎他们意料。水分大部分已结冰，剩下的酒液异常浓稠，在木桶中放过后，酒精的味道虽然浓烈，但口感由于充分的麦芽背景甜味中和而显得比较柔和，麦芽味更是浓缩到极致。然后这些人就愉快地喝着啤酒唱着歌，好不快活！

这种酒的确很有特色，它香味丰富，在丰富的麦芽香和酒精香味中达到完美的平衡。酒花香味淡去很多，但麦芽中深色水果酯类的香味变得更加浓郁。酒体为深铜色至深褐色，往往呈现红宝石的颜色。普遍较少的乳白色泡沫，味道上口感丰富，明显的酒精味中和了甜麦芽香味。麦芽带有美拉德反应物的味道、烤面包的香味、一些焦糖味和轻微巧克力的味道。酒花的苦味能抵消麦芽的甜味，避免甜腻的口感。可能会含有明显的深色水果酯类的味道，可谓是啤酒中的精品。

冰馏博克的火爆，对世界啤酒风格产生了重大影响。比起啤酒本身，它更多地推动了冰馏这种啤酒生产工艺的火爆，无数酒厂开始使用冰馏方法获得更高的啤酒度数和更浓郁的口感。数年前著名的啤酒度数之最争夺战，冰馏是其中最核心的技术。但事实上，由于过度追求极致，很多酒的口感已经偏离啤酒很多。

| 德式小麦啤

小麦啤主要突出的是酵母和小麦带来的风味。它们的基本特点是：外观浑浊，气泡细腻充足，沙口感 ① 强烈，爽口，有酵母浓郁的丁香酚味、香蕉水果酯类味和小麦带来的吐司面包香。德式小麦啤包括如下几个种类：

---

① 　酒液在口中加热后泡沫涌出并在上腭炸裂后的感觉。

1. 小麦白啤（Weissbier）

顾名思义，小麦白啤是基本款的小麦啤，颜色从稻秆色到金黄色，爽口、适饮、浓郁纯粹的丁香酚 / 香蕉酯的酵母特性极为突出。它又有如下两个子类：（1）德式酵母小麦白啤（Hefe-Weisse），这是在小麦白啤的基础上，瓶中留有一定的酵母（Hefe），带来额外的酵母味和更厚实的酒体；（2）德式水晶小麦白啤（Krystal-Weisse），这种是过滤版本，澄清透明的小麦白啤，酒体更加轻盈爽口。

2. 深色小麦啤（Dunkles Weissbier）

深色版本的德式小麦啤使用慕尼黑 / 维也纳麦芽，辅以少量焦香水晶麦芽或深色麦芽。轻烤的麦芽加深了小麦啤的颜色，增加了面包、焦糖般的香气和味道，喝起来更加香甜。

■ 德式小麦啤是个大家族，颜色和浑浊程度可能截然不同

啤博士的啤酒札记

3. 小麦博克（Weizenbock）

博克啤酒是德国的一大特色，以新鲜爽口、麦芽味充足、度数偏高为特点。小麦博克可以理解为基本款小麦啤加强为复杂的博克版本，它的变化更多：春季博克的淡色清亮、秋季博克的深色香甜、双料博克的高度数，甚至冰馏博克的浓郁丰富。小麦博克是同时突出酵母风味和麦芽风味的极致表现。

|柏林白啤

德国的其他区域因为类似原因也出现了风格完全不同的啤酒。16世纪，在曾经隶属于普鲁士王国的柏林地区，当地人发明了一种加入乳酸，且酒精度很低（3%）的小麦酸啤（Berliner Weisse），需要混以新鲜果汁享用。口感非常清淡、爽口，由于加入了50%左右的小麦，因而有面包般香甜的味道。又因为在发酵末期和二次发酵时额外加入了乳酸菌，进一步消耗糖分产生酒精和二氧

■ 呈现美丽绿色的小麦啤，喝法非常接近柏林白啤（图片来源：牛啤堂）

化碳，带有非常强的沙口感，还使得柏林白啤呈现显著且纯粹的乳酸味，长达数月的窖藏也使得味道更加清冽。

在饮用时，不少人无法接受这么明显的酸味，与糖浆或果汁混合后中和酸味，插入吸管饮用，导致它的颜色多种多样。由于它的度数偏低，近些年也有开发柏林小麦啤做鸡尾酒的趋势。柏林本地开发了一种碗状的平口杯，专门用来作为容器。

关于柏林白啤的起源，一说源自德国北部汉堡地区的特色酸啤，但这种酸啤目前已无踪迹，无法提供有力证据支撑；第二种说法貌似更加可靠：在 1559 年的巴黎宗教会议后，受加尔文主义的影响，号称"法国新教"的雨格诺派（Huguenot）受到了巨大打击，尤其是圣巴托洛缪大屠杀后，大量的雨格诺派成员开始离开法国和北部的荷兰/比利时法兰德斯地区。他们在北迁德国的过程中，也将法兰德斯地区特色的红色艾尔和棕色艾尔两种经典酸啤风格带到柏林，并本土化改良成为未来的柏林白啤。

这种啤酒的发展壮大也离不开普鲁士国王弗雷德里克·威廉（Frederick Wilhelm）的大力推广。他曾公开宣布柏林白啤是适合普鲁士气候也适合普鲁士所有人民的啤酒，他甚至要求自己儿子、德国著名的腓特烈大帝只有学会酿造这种啤酒才能继承王位！自此柏林人仿佛着了魔一般疯狂拥护柏林白啤。

这种政治人物对柏林白啤的疯狂喜爱也影响了许许多多

的后来人。著名的法兰西帝国皇帝拿破仑所领导的军队曾于 1809 年抵达柏林，痴迷于香槟起泡酒的法国人偶然间尝到柏林白啤后便一发不可收拾，认为这种啤酒是独特的来自欧洲北部的香槟，便起了个非常酷炫的名字"北方香槟"（Champagne of the North）。这使得啤酒拥有了更多文化与历史意味，柏林白啤成为一种处于欧洲原产地保护条例下的啤酒（类似红酒产地保护）。

在 18 世纪，柏林本地有超过 700 家酒厂酿造这种啤酒，在当地的市场居于垄断地位。然而，由于德国处于欧洲十字路口的地理位置和快速增长的国家实力，德国，尤其是柏林所在的东部德国成为四战之地。柏林长期处于缺少物资和政府管制的状态，加上人们对啤酒审美的变化，柏林白啤在急速地衰落。到了 21 世纪初，仅仅只有两家酒厂依然在生产柏林白啤。

但是，目前随着精酿啤酒运动的大力推广，像柏林白啤这种传统啤酒的复苏速度让人震惊，尤其是美国各大精酿酒厂的复制版本。曾有美国酒友告诉笔者：如今但凡进入一处酒吧，基本上都会有一个酒头留给柏林白啤，它的快速崛起可见一斑。

波罗的海波特

　　18 世纪的英国，国力快速增长，人民生活水平提高，街头、码头和酒馆中到处是喝啤酒的居民。这种商品和附带的啤酒文化也随着英国的贸易脚步迅速向外延展，英国开始大量出口啤酒到各个国家。商人们向南最远把啤酒卖到了印度、澳大利亚，向北则运到了冉冉升起的俄罗斯帝国。

　　运往俄罗斯帝国的啤酒，一者要考虑俄罗斯人的特点——嗜爱高度酒；二者需要考虑运输成本，北海和波罗的海冬季异常寒冷，必须提高酒精度以防止船中啤酒结冰。在这种情况下，极具传奇色彩的俄罗斯帝国世涛（Russian Imperial Stout）诞生了，这种啤酒专为俄罗斯市场而生，干脆就以俄罗斯帝国来命名。

　　啤酒一路向北，穿过北海，在波罗的海南岸登陆，最后运往俄罗斯帝国。18 世纪中叶到 19 世纪初，大英帝国和俄罗斯帝国保持着相当不错的关系，因为它们有个共同的敌人——法国，特别是法国进入传奇的拿破仑帝国时代。英俄双方贸易往来频繁，俄罗斯帝国也大量进口英国啤酒。为了阻止拿破仑征服整个欧洲，1792—1815 年，欧洲各列强先后组织了 7 次反法同盟，围攻法国。拿破仑纵然是天之骄子，依旧难敌潮水般的敌人。

最终，法兰西帝国轰然倒下，而德意志和意大利两个大国还未建立，整个欧洲进入大英帝国和俄罗斯帝国两强争锋的时代。正如第二次世界大战之后形成了苏美的大国对立。然而，失去了共同敌人的两只狮子自然而然地把对方也当作新敌人，英俄虽然没有直接的领土冲突，但之前的联盟关系却慢慢减弱。连年的战争消耗导致粮食紧缺，两国越发提高进口关税，导致运到俄罗斯的帝国世涛越来越少，价格越来越高。

但人民无法忍受缺乏啤酒的生活，波罗的海沿岸的国家想到了一个绝佳的办法。

没错，那就是山寨！

爱沙尼亚、拉脱维亚、芬兰成为了山寨的急先锋，第一瓶"山寨啤酒"——波罗的海波特于 1819 年诞生于芬兰的赫尔辛基。相比英国产的帝国世涛，它的酒精度数、麦芽丰富程度丝毫不弱，且运输成本大大降低。由于极

■ 波罗的海波特的特色完全不输帝国世涛
（摄影：程炜）

少使用烘烤的黑色麦芽，这种本地波特还没有浓郁的焦糊味而更多地凸显出甜味，可以说，两种啤酒各有千秋。

这些维京海盗的后裔迅速把这种崭新的波罗的海波特带到了德国、丹麦、波兰和俄罗斯的广大市场。在普鲁士铁血宰相俾斯麦的运筹帷幄下，欧洲中部的普鲁士迅速崛起，将其影响力扩展到欧洲各地。随着他统一整个德国，这种酿酒技术也得以迅速扩展。

由于气候寒冷和山区众多，德国普遍流行拉格酿造方式：在酿酒过程中由于酵母菌株不同且长期处于低温发酵状态，这种啤酒采用底层发酵方式，发酵时间更长，酵母消耗糖分更彻底，麦芽味道也愈发纯粹。这种方式也迅速影响了波罗的海一带的啤酒酿造方法。很快，波罗的海沿岸国家都开始采用这种更新颖的酿造方法。诞生在波罗的海的啤酒，最终变成了德国版本。

因此，波罗的海波特普遍情况下是一种标准的拉格，绝对刷新你对拉格啤酒的颜色、酒精度数和口感的认知。

| 古斯酸啤

说起这种啤酒，就不得不先提到一座城。

这就是传说中的哥斯拉（Goslar），位于德国哈茨山区，联合国教科文组织将其列入世界文化遗产，不知道日本人发明哥斯拉怪兽时是否借鉴了这个地方（然而实质上应该并没有什么联系）。它还有另一个大名鼎鼎的名字：世界巫婆之城！不到5万人口的小城，却拥有47座教堂！歌德曾经在旷世名著《浮士德》中写道："巫婆们赶往布罗肯山，麦穗儿绿，麦茬儿黄"，描述的就是这里！

在德国，只要有座城，就会有自己的啤酒。哥斯拉也不例外，它也有一种如同巫婆一样的啤酒：古斯（Gose）。它是一种典型的小麦啤，小麦比重在50%以上，要超过绝大多数小麦啤。由于盐、芫荽籽和乳酸的加入，它带有浓郁的全麦面包甜味、柠檬酸味、药草芳香、芫荽的辛辣味，喝一口，盐更是刺激你的味蕾。酒精度一般不到5度，把古斯啤酒当作一种加了盐的咸味液体面包，也丝毫不为过。

它最早酿造于16世纪的哥斯拉小城，可能源自巫婆的魔法，它迅速地扩展到了莱比锡地区。到了18世纪末，古斯酒馆已经遍布在莱比锡。最早的古斯啤酒采用自然发酵方式：敞口让空气中以啤酒酵母为主的菌群入住，木桶中完成发酵，酷似比利时的兰比克啤酒。

由于野菌的存在，它带有明显的酸味和香料似的酚类醛类味，本地的水质也略带咸味，这在当时是

■ 古斯是莱比锡地区最经典的品牌
（摄影：Dirk van Esbroeck）

酿酒师对发酵技术不了解从而带来的影响。到了1880年，这种技术被采用上层艾尔酵母发酵的方式取代。但人们依然怀念曾经的味道。为了重新找回那些味道，酿酒师尝试了在发酵期间加入乳酸菌、芫荽籽和盐"调味"。新版的古斯啤酒才慢慢被大家接受。

然而，"二战"的爆发使得这个啤酒彻底没落下来！德国的莱比锡地区紧邻捷克与波兰，是德国最早卷入"二战"战场的地区，整个地区由于战争机器的开动受到了巨大影响。而盟军反攻柏林时，这里也遭到了致命的打击。啤酒行业亦是如此，由于战争的摧残，到1945年"二战"结束，整个莱比锡地区所有酿造古斯的酒厂几乎全部倒闭。其间不少本地老人尝试恢复这个啤酒，但都没有成功。

然而，随着21世纪精酿运动的兴起，古斯啤酒突然被美国酒厂开发出来，更在全美家酿啤酒大赛等斩获了各种奖牌。现在，也有越来越多的酒厂在尝试复制这曾经被巫婆施过魔法的啤酒！

|烟熏啤酒

虽然你可能没见过猪跑，但你一定吃过烟熏的火腿肉，当然还有经典的熏腊肉、熏香肠等。可是，有一种很特殊的啤酒也可以"烟熏"而来，它也一定值得你尝一尝。这就是

■ 普通大麦芽（左）和明火烟熏麦芽（右）的差别巨大（摄影：Tomasz Mikolajczyk）

来自德国班贝格（Bamberg）地区的烟熏啤酒（Rauchbiers）。

加工食物时的烟熏其实主要还是依靠明火产生的热量，因此相当于低强度、长时间的明火烘烤导致食物表面逐渐变干并产生一定的美拉德反应，才有了大家喜欢的口感和口味。而烟雾中的部分化学成分带来的独特风味，使得对味蕾的刺激又多上一分，征服了一批重口味的老饕。

可是，啤酒的酿造过程显然没法用明火和烟熏。但森林覆盖率极高、盛产木材的班贝格地区人民想到了一个绝妙的办法：用明火和烟熏处理麦芽！

大麦麦芽必须经历复杂的发芽过程使得内部淀粉水解，到一定程度后显然必须终止，否则过度发芽就会使酿酒糖分消耗殆尽。而99%的麦芽处理方式都是将它翻炒加热，根据加热程度的不同，麦芽中糖分结构和表面颜色会不尽相同。酿酒师们也因此可以获得淡色麦芽、焦香/水晶麦芽、巧克力麦芽、黑色专利麦芽等几百种麦芽，它们的变化组合促成了世界上无数种啤酒配方的出现。

但它们都是不跟明火直接接触的。虽然在历史上是这么做过，但在明火作用下很难大规模生产，因为一不留神麦子就着火。这对于在史书中经常读到"烧尽粮草辎重"的中国人而言，也无须赘言。后来技术成熟，麦芽商人们毫无疑问地选择了更先进的大规模量产方式，杜绝了明火烘烤。

班贝格人显然不吃这一套，本地酒鬼们就是习惯了千百年来的这种明火处理麦芽的方式。他们处理的麦芽中带有浓郁的木头燃烧味道或者烟熏味，也就不奇怪了。酿出的啤酒也自然成为烟熏啤酒，而且烟熏味道还会随着使用熏制木材的不同而变化。目前最常见的木材使用有三种：

- 枫树和山毛榉：淡淡的培根味、香肠味、火腿味；
- 桤木：淡淡的煎三文鱼味；
- 山核桃树：淡淡的煎小排味。

啤酒中居然大致能喝出肉味，这可一点都没开玩笑。不过相信你也想到，由于采用直接烟熏的方式，麦芽的颜色很难精确把控，这种啤酒普遍颜色偏深。它的配方中总是包含了从淡色到深色不等的麦芽，比较复杂，因此层次感比较丰富。麦芽甜香、轻微焦煳以及最重要的烟熏味，形成了一个让人流连忘返的味觉体系。

班贝格人一般习惯把这种啤酒放在地窖中的木桶里长期发酵，在喝酒时从木桶中倒出一杯，何不快哉！在目前精酿啤酒运动的大潮中，这种啤酒也自然被不断模仿和开发，其中最多的莫过于烟熏波特啤酒，波特本身就是使用了不同颜色维度的麦芽，将其中一味替换成烟熏风格的麦芽也未尝不可。

　　而对于更加强调重口味和复杂度的世涛而言，烟熏自然也是必须尝试的风格之一，这些年可谓各种烟熏层出不穷。不过，对班贝格人来讲，比起卖啤酒，更开心的就是卖各种各样的烟熏麦芽到世界各地，因为需求量实在太大，已经不亚于本地酿造传统烟熏啤酒的需求！

|科隆与杜塞尔多夫的百年恩怨

　　在科隆（Cologne）地区，普遍流行一种科隆（Kölsch）啤酒。这是一种经过了上层发酵后便长期窖藏的新鲜小麦啤，

■ 科隆啤酒需要长期
窖藏，侍酒需搭配
经典的 200 毫升直
筒杯。在地窖中喝上
几杯为一大享受（图
片来源：Pixabay）

它使用的小麦量比较少，20%～30%，与普通小麦啤50%及以上的比例相去甚远。由于再经过长期低温窖藏，最终的啤酒有着清透的酒体、新鲜的麦芽味、清爽甘洌的口感。它的侍酒必须承载在专用的杯子中，由特殊的轮盘状盘子端上来，形成特色的饮酒文化。

而与科隆相距仅仅40公里的杜塞尔多夫（Düsseldorf），当地则完全被本地的老式啤酒（Altbier）所垄断，这种棕色的啤酒带有鲜明的焦糖甜味。

二者的区别也有一定的历史原因，在德国于19世纪统一之前，两个城市属于不同的小公国，彼此之间经历了数百年的纷争，因此形成了不同的啤酒风格。而两个城市在政治、历史、文化、经济上的对立与竞争，也导致杜塞尔多夫与科隆两地啤酒形成了"世仇"一般的对立：笔者在科隆喝酒期间，跟周围酒鬼聊天时，他们提起老式啤酒大有一种"不共戴天"的感觉。而在杜塞尔多夫喝酒，酒鬼们提起科隆啤酒的态度亦是如此。

当然，这也解释了为什么德国的啤酒类型实在太多，几乎每到一个城市都会大不相同，毕竟德国是由曾经的上百个小型邦国逐渐形成的。本书限于章节有限，只能暂时覆盖到这里，剩下的依然交给你们去探索。

第六章

CHAPTER 6

英国和爱尔兰啤酒：
啤酒也脱欧

　　相比欧洲大陆变化多端、互相融合的啤酒风格，独居北海的英国自然格格不入。正如它特立独行的海岛国家政策一样，它的啤酒也呈现出截然不同的风格。工业革命后，英国崛起成为日不落帝国，它的啤酒也经由跨越大洋的舰船，漂到世界各地。

英国位于欧洲大陆西部的大西洋中，是一个得天独厚的海岛国家，自从以盎格鲁·萨克逊人为主体的政权融合了其他民族并占据这块土地以来，英国便逐渐成为以英格兰、苏格兰、北爱尔兰和威尔士为联盟的统一国家。

离英国比较近的啤酒大国——比利时，发展出了深受天主教修道院风格影响的修道院啤酒。遵从不同教义的英国则截然不同，它是新教徒和清教徒的圣地和海外传教的基地，比利时修道院风格的啤酒在英国毫无扩展。

英国由于是海岛国家，经历过工业革命、高度城市化，水质并不好，过硬，不适合酿造一些水源起决定作用的啤酒（比如拉格）。但英国人有自己的方法，他们研究出富有特色的木桶发酵苦啤艾尔（Bitter）、苦且芳香的 IPA（印度淡色艾尔）、重口味的波特（Porter）、世涛（Stout）和大麦酒（Barley Wine），尽一切可能避免水源的影响，跟欧陆世界的啤酒大不相同。

此外，英国与欧洲的贸易在历史上并不如想象中完美，在啤酒原料上亦是如此。英国无论是出于自身还是外界原因，培育起自己的大麦、酵母和啤酒花体系，也是铁了心要把自己的啤酒风格搞下去。

相应地，英伦风格几百年来都未曾扩散到欧洲。直到今天，欧洲依然是三大啤酒派系：比利时风格、德国风格、英伦风格，三者极少互相融合。在 19、20 世纪的 100 多年中，以东欧为代表的新一代拉格啤酒（皮尔森）更适合工业生产，进而席卷了全世界，英国也不可避免，但也表现出极强的抵抗力。

■ 真艾尔运动组织的标志

面对新的啤酒风格和海外啤酒的进口，英国传统啤酒的抵制更加强烈，甚至在 20 世纪 70 年代兴起的真艾尔运动（Campaign for Real Ale），更是组织化支持以木桶艾尔为主的传统风格啤酒。

对于外界的啤酒，他们也有各种限制法规，荷兰啤酒品牌喜力最早进入英国时，在各种税收和市场政策影响下，选择降低酒精度数到 3、4 度，而喜力本身原版度数已经低至 5 度（当然最终喜力还是用原版取代了低度版本）。要知道英国本地的世涛、大麦酒轻松就在 10 度的量级，酒精度数的限制，这也是一种对外来啤酒的抵御策略。

与此同时，达到全盛时期的英国也将文化通过外交和海外领地对外大量输出，啤酒也是其中之一，比如著名的 IPA，就是对印度输出的产物；俄罗斯帝国世涛，就是对俄罗斯出口的产物；澳大利亚的起泡艾尔（Australia Sparkling Ale）印有英国深深的烙印；美国的所有啤酒几乎都是英国输出的产物……例子不胜枚举，但除了波罗的海波特和英式世涛有着深远的联系外，就鲜有英国的啤酒风格输出到欧洲国家并起到垄断地位的例子。这就好比英国与欧洲的关系：若即若离，从未融合。

在英国内部，英格兰啤酒、爱尔兰啤酒和苏格兰啤酒的风格也截然不同，本书接下来将会详细展开。

木桶艾尔

英国的气候条件催生出高品质的大麦（比如玛丽斯·奥特）以及经典的英式啤酒花（比如戈丁、法格尔斯），因而很多英式啤酒是突出麦芽风味或英式啤酒花风味的艾尔，不过英式酒花的风格是淡淡的花香和泥土香，并不像美式果香那样激进与奔放。精心烘焙的大麦芽常常带有坚果味、太妃糖味、焦糖味甚至咖啡和巧克力风味，啤酒花的苦味、香味与麦芽的味觉融合在一起构成一个相得益彰的框架。

在传统英式麦芽和酒花的配合下，最经典的英式啤酒"苦啤"应运而生，它也是最传统的艾尔，出现在英国文人的各种经典作品中。此外，《维京传奇》中写到凯尔特人占领英国在欧洲四处侵袭时，喝的酒就是这一大类。热门美剧《权力的游戏》中的角色喝的也是这种酒。

但是这种所谓的苦啤其实并不苦，比起由它衍生而来的印度淡色艾尔（IPA）可谓差了一个档次。只是因为它的口味相较而言较为清爽，度数普遍在 3～6 度，有着淡淡的英式麦芽太妃糖味、英式艾尔酵母的轻淡酚类醛类香味、淡淡的啤酒花香味，一切都比较温和，反而突出了苦味。总体上，苦味非常柔和，背景的麦芽味支撑起的味觉框架非常丰富，是一种适饮性很高的啤酒。

最传统的英式艾尔通常使用木桶发酵。在啤酒发酵快结

束时，里面仍旧留有少量残糖（尚未发酵完毕），或者添加二发糖，装到木桶中供应，在装桶时没有任何加压措施。通常在桶中完成二次发酵，靠产生的二氧化碳隔绝氧气并加压。至于木桶会不会漏气，答案是肯定的，但比起产生的二氧化碳速度，大概总有一刻会达到动态平衡。所以打酒时基本上都要额外加压，单纯靠它本身产生的气体压力会越打越慢，甚至没有气泡。

这种酒完全靠桶中自然产生的二氧化碳和重力来压出啤酒，在酒槽上面便是酒桶，最上端是用来密封和进气（打酒时需要进气，也可以水封检查里面的气压）的密封桩和塞钉，下面便是打酒酒头和密封用的拱心石。

最传统的英国酒吧的木桶艾尔都放在长长的柜台上，喝的时候只需要从酒头里面打出即可，很有体验感，浓浓的英伦享受风格。第一杯从桶中打出的啤酒被英国酒鬼们认为是最完美的人间美味。18世纪之后，随着玻璃瓶装啤酒的发明与流行，英国酒鬼们的活动空间被极大扩展：他们不再局限于在酒馆中喝这种传统的木桶啤酒。因为木桶啤酒一旦打开后，由于接触氧气就极其容易变质，很难在酒吧外喝到。

很多英国人对这种传统啤酒的迷恋是惊人的，以至于在"二战"时期，他们的战斗机在执行任务时，都会考虑到前线士兵的需求，在非作战情况下把作战用的副油箱里装满木桶艾尔啤酒。在高空的冷空气中冷却，简直是天然的绝佳冰箱！落地后立即打开，喝起来好不爽快！事实上，即便是在诺曼底登陆后，第一批降落的飞机就已经开始这么干了。

而"二战"后铝罐包装的发明，特别是金属打酒桶（Keg）的广泛使用，相较木桶而言，它们清洗起来更加方便，能充气加压，出酒可以过滤杂质沉淀，造价更低，质量更稳定，物流更方便。金属酒桶成为压倒骆驼的最后一根稻草，极大压缩了木桶啤酒的生存空间，到了 20 世纪 70 年代，木桶啤酒在英国几乎销声匿迹。

■ 大名鼎鼎的喷火式战斗机副油箱里，装满了运往前线的木桶艾尔啤酒，士兵们还在上面写着"快乐果汁"（Joy Juice）

真艾尔运动最早针对的就是这种啤酒，这个运动呼吁所有英国本地的酒馆能留出一部分比例酒头给传统木桶啤酒。随着这个运动的进行，没落的木桶啤酒再一次进入人们的视线，随着精酿运动的狂热发展，也渐渐成为一种特色和文化记号深入人心，变得越发火爆。目前参与真艾尔运动的会员有十几万人，他们也主办了英国第一大影响力的啤酒节，影响力不容小觑。

事实上，这种啤酒的地位确实应该很高，它曾经影响了整个英国的啤酒家族。例如，它衍生出另外一个大类的啤酒：印度淡色艾尔（IPA）。当时，普通苦啤往印度殖民地运输时很容易变质，后来有人发现大量加入啤酒花会大大延长啤酒的保质期，并带来浓郁的酒花风味，后来居然成为现在精酿啤酒界横扫世界的神话。

来到英国，尤其是伦敦地区，在听着身旁浓重的伦敦腔时，不要忘记点上一杯最地道的木桶艾尔，体会这最纯正的啤酒文化与历史积淀。

印度淡色艾尔（IPA）

在精酿啤酒发展得如日中天的当下，如果要问有什么啤酒正是炙手可热，那一定是 IPA，也就是通常所说的印度淡色艾尔（India Pale Ale）。在英国于 18 世纪发明这种啤酒之后，经过两百多年的发展，它目前拥有精酿啤酒市场 25% 以上的份额，牢牢占据了头把交椅，并且上升趋势明显。

IPA 的历史也反映了人类社会一个时代的变迁。英国自 1757 年通过东印度公司发动第一次侵略印度的普拉西之战后，掀开了殖民印度 200 年的序幕，英国人的足迹踏上了这块炎热的南亚次大陆。跟随殖民者而来的，还有英国人嗜好啤酒的习惯。但印度天然不具备生产啤酒的基本条件：印度纬度较低，属于热带，不适合生活在温带的啤酒花（蛇麻）和大麦生长，原料缺失；气温较高，不适合啤酒的高质量发酵与存放。众多殖民者只能购买价格昂贵的英国本土进口啤酒，但由于经过了两次赤道的运输，啤酒抵达印度时，质量已大大下降，甚至变质。

马克思在《资本论》一书中说过："资本家如果拥有 50% 的利润，便会铤而走险。"英国本土的啤酒商嗅到了印度市场的商机，也在尝试一切办法去酿造保质期更长的啤酒，从而在竞争中脱颖而出，牟取暴利。

最终，18 世纪末，来自英国弓弩酒厂（Bow）的酿酒师乔治·霍奇森（George Hodgson）发明了一个新的配方：他将木桶艾尔啤酒做到高度版本，同时加入大量的酒花，在苦度提升的同时大大

■ IPA 中的酒花含量是它最大的特色，所以有时酒鬼们会开玩笑称其为一杯"酒花水"（摄影：田儒）

延长啤酒保质期，这样即便远达印度，依然能保持相当的质量。这种啤酒迅速占据了东印度公司啤酒贸易的市场，后来这个配方又被巴斯酒厂（Bass）所借鉴，经过改进的版本度数降低，味道更温和，巴斯酒厂因此快速崛起，成为啤酒历史上的著名厂商之一。

然而，当时的啤酒还是沿用英国本土的命名方式：淡色艾尔。顾名思义，这是一种淡色的经过艾尔发酵方式的英国啤酒。这种啤酒很快垄断了印度市场，但命名方式在30年之间都未曾出现"印度"（India）一词。

自人类大航海时代开始，位于南半球的澳大利亚也逐渐为人所知，西班牙人、葡萄牙人、荷兰人、法国人、英国人先后抵达，澳大利亚也被荷兰人命名为"新荷兰"（New Holland），其实荷兰人也发现了当时的新西兰（"西兰"也是荷兰一个省的名字）和塔斯马尼亚岛（以发现它的荷兰船长命名）。但这些人发现澳大利亚并没有他们想要的香料后，便放弃了这块"贫瘠"的大陆，将其作为流放重罪犯人的牢笼，最后成为英国的殖民地。

在美国独立战争（18世纪70年代）之后，英国失去了美国这一块宝贵的殖民地，流放在加拿大的大量英国犯人也蠢蠢欲动，意图反抗母国，英国感受到巨大的压力，于是开始大量将北美以及未来的流放犯人发配至澳大利亚。

随着这里的英国犯人越来越多，1788年，著名的英国海军上将亚瑟·菲利普到达悉尼，正式在这里建立了一个从属于英国的殖民地，澳大利亚进入正轨。但由于这里的人绝大部分都是流放犯人，并且这里的土地异常贫瘠，动物和农业物种奇缺，他们对母国的物质文化可谓极其向往。随着新殖民地越来越大，英国也不得不考虑澳大利亚发展的需要，在1797年向澳大利亚输出了以绵羊养殖为标志的农业、畜牧业等未来成为澳大利亚发展支柱的产业，澳大利亚的贸易需求也越来越大。

19世纪伊始，逐渐开始有钱的澳大利亚对英国啤酒的需求也开始慢慢上升，不少商人开始考虑这个崭新的市场。但由于澳大利亚太过遥远，只能借道印度，将那里的淡色艾尔啤酒运到澳大利亚。1829年，第一批啤酒登陆悉尼，在当地

■ 这个1681年制作的地球仪，说明对澳大利亚的发现显然不完整，此时它被命名为"新荷兰"（荷兰语：Nouvelle Hollande）

引起了轰动，报纸甚至提早登出了广告，宣布啤酒将会来到这块大陆。最早报道此事的是悉尼公报和新南威尔士广告商（The Sydney Gazette and New South Wales Advertiser），他们在头版赫然写出以下字样：

来自东印度的淡色艾尔！

毋庸置疑，这种啤酒在当地引起巨大反响，当地的社会各界人士都期待这种来自印度的淡色艾尔，久而久之，大家便习惯用这种方式

■ 报纸上首次用"东印度淡色艾尔"命名了这一批啤酒

称呼它。这让生产啤酒的酒厂始料未及，但为了便于利用标识销售，在英国也很快普及了这个名称。

其实，这种啤酒命名方式早已有之，包括德国十月节啤酒（来自慕尼黑十月节的啤酒）、皮尔森啤酒（来自捷克皮尔森市的啤酒）、巴伐利亚小麦啤（来自巴伐利亚州的小麦啤酒）。但是谁都没有想到，这种啤酒会发展到今天这般辉煌，也让它曾经的中转站印度，搭了一个大大的顺风车！

IPA 后来成为绝对的主流，这之中有诸多原因：它的生产工艺并不十分复杂，普遍在普通淡色艾尔的基础上额外增加一步常温干投，最大限度地避免了高温煮沸啤酒花时丢失香味；农业的发达，促使啤酒花培育技术突飞猛进，这些特色酒花为啤酒增加了无数维度；IPA 的扩展维度比较广，

■ 如今 IPA 在世界各地已经是大街小巷啤酒商店中最主力的酒种（摄影：刘昆）

低度版本得以广为流传，很容易成为更流行的拉格啤酒替代品……诸多因素把 IPA 推上艾尔啤酒老大的宝座，不过现在的 IPA 中心已经转移到美国，本书将在后续内容中展开。

有意思的是，澳大利亚啤酒近些年的崛起十分神速，这源于它们同样得天独厚的啤酒花孕育条件，使得澳洲和新西兰的啤酒花风靡一时，终于不再依赖它们曾经近乎信仰的 IPA。

IPA 毕竟是"舶来品"，在澳大利亚起源并流行的，是一种叫作"起泡艾尔"的啤酒。如同起泡葡萄酒得名一样，这种起泡艾尔是由香槟酵母发酵而来，可以理解为澳洲版本的、不用葡萄为原料发酵而来的"香槟"。它依赖于澳洲本地麦芽，发酵后味道更加柔和，水果味鲜明，麦芽的谷物香味温和。但它最重要的还是美丽的外观，金色的酒体、细小洁白的气泡，伴着淡淡的酵母云，一口下去就是喷薄而出的沙口感，清冽爽口，后味半干半甜，好不快哉。

码头工人还是波特？

大家普遍认为，波特和桶装苦啤艾尔是英国最经典的两种啤酒。首次出现波特这种酒的记录是在 18 世纪，它那时是一种广泛流行在码头搬运工（正是波特啤酒的英语单词"Porter"）之间的啤酒。英国正处于帝国的全盛时期，海

■ 其实波特啤酒就是码头工人啤酒的意思（图片来源：Pixabay）

洋贸易极其发达，也拥有极其发达的民间搬运工行业。这些重体力劳动的搬运工，自然需要一些酒精饮料放松身心。

从 16 世纪到 18 世纪早期，伦敦地区流行一种神奇的啤酒鸡尾酒，叫作"三分思绪"（Three threads），这种所谓的鸡尾酒通过把不同度数、颜色与风味的啤酒进行混合（一般三种），一方面增加了啤酒的风味；另一方面也回避了当时发酵技术不足（当时温度计、液体比重计还没有发明，酿酒师很难准确控制酿酒过程）和较大硬度水质带来的异味，从而变得在底层群众中极其流行。它的组成一般从浅色清淡口味啤酒到深色重口味啤酒不等，后者的啤酒味道更加明显，带有深色啤酒普遍的风格：焦糖香味、坚果味、淡淡的太妃糖甜味，带有今天波特的风格。

但随着工业革命的进行，大规模工厂化生产使得更多机器取代人力，创造了更多价值，也增加了普通市民的财富。

那么，对于一直热爱啤酒的伦敦人而言，各种高质量啤酒也就以迅雷不及掩耳之势发展。到了1730年，有个叫作"哈伍德"（Harwood）的本地酒厂做了一个仿造"三分思绪"的配方，起了一个很搞笑的名字，叫"整体对接"（Entire butt），味道上与"三分思绪"相似，但这是直接来自于一种发酵啤酒，而不再是由各种质量的啤酒勾调而来。这种酒很快就在伦敦流行并取代了原来的啤酒鸡尾酒，尤其在码头工人群体里，后来便中文音译成波特啤酒。

早期的英国波特啤酒度数比今天要高，一般在7度左右，也出现了一些高度版本，成为后来世涛波特乃至帝国世涛波特的前身。但它的发展经历过好几次战争带来的阉割，逻辑非常简单：酿酒用的原料是粮食，战争期间必然会加大对酿酒用粮食的征税。经历了拿破仑战争（1803—1815年）后，波特的度数由于征税原因被人为降到了5度甚至更低，毕竟海岛国家英国的粮食储备要比其他国家还要宝贵。

最早的波特配方是使用纯粹的棕色麦芽，这是一种经过烘焙处理，带有一定焦香且颜色呈现棕色的麦芽。工业和科技革命再一次改变了这一切，1760年成熟的量产温度计才开始用在酿酒中，1770年又开始使用成熟的比重计，酿酒师第一次意识到原来纯粹的棕色麦芽并不能带来更高的出糖效率。经过高温处理过的棕色麦芽，有三分之一的比例无法出糖。于是很多酿酒师开始采用大比例的淡色麦芽（更高的出糖效率）和低比例烘烤过的黑色大麦（极少糖分但提供颜色和焦香）酿酒。

■ 现在的波特啤酒广泛使用黑麦芽（图片来源：Pixabay）

但使用烤黑（烤煳）过的大麦触犯了当时英国的啤酒纯净法，英国不允许这种"糟蹋"粮食的处理方式。这一切直到1817年出现丹尼尔·怀勒（Daniel Wheeler）先生申请发明的专利大麦才得到改观，这种在200℃环境下处理的大麦达到了1300以上的EBC颜色度（欧洲的大麦颜色标准），烤煳后几乎纯黑，不含任何有效酶成分。经过专利授权后，这种大麦才被广泛应用在波特的生产中，后来这种专利麦芽（Patent Malt）就有了它今天的名字，也叫作"黑色麦芽"（Black Malt）。

当时一个典型的波特麦芽配方是由95%的淡色麦芽和5%的专利麦芽构成的，这样大大提高了波特啤酒的生产效率，也极大地降低了麦芽成本。在波特啤酒之前，所有的英国啤酒几乎都是在未成熟时就出厂，然后在酒馆的木桶里成熟。但波特改变了这一现状，它的生产和成熟都是在超大型的木桶中完成的，使人们拿到啤酒就可以立即畅饮。

伦敦地区一个著名的啤酒公司麦克森德（Meuxand）就采用了巨型的大桶酿造方法。一个桶有多大呢？61万升！换算后是600吨！即使放到今天也属于很大的酿酒罐。结果1814年的10月17日，一个大桶表示：我撑不住了！然后轰然倒塌！强大的"啤酒流"冲击了旁边几个大桶，导致连环破坏。于是这一股啤酒（保守估计为147万升）冲了出去，形成一股强大的洪流。

由于附近是贫民区，房屋比较低矮或质量一般，这一股洪流瞬间就冲毁了附近两条街的房子，洪水还灌进了地下室。多亏政府及当地平民及时营救，减小了损失，但这次洪水还是导致了 8 人死亡。大家可以脑补一下场景，不少参与救灾的工作人员后来向当地报纸表示："碰到这种奇葩洪水，我……我……我……这……真……醉了。"事实上，附近很多街区都弥漫着明显的酒精味，这些人是真的被熏醉了……可以说人类历史上最大的啤酒灾难，就是波特造成的。

但不幸的是，随着英国不断卷入恐怖的第一次世界大战和第二次世界大战，粮食不能自给的英国陷入一次又一次困

■ 波特啤酒桶爆裂引起的啤酒洪水（手绘：Feifei）

境，啤酒成为一种庆祝胜利或士兵才能享用的奢侈品，政府也理所应当地对各种民间啤酒生产下达了各种禁令以节约战备物资。以至于在 20 世纪 50 年代，传承了许久的波特啤酒已经在英格兰地区彻底销声匿迹。

直到 1978 年，从一家叫作"彭若斯"（Penrhos）的小型精酿酒厂重新生产一款传统的波特啤酒起，波特啤酒才开始慢慢复苏，并在英国著名酒厂富勒（Fuller）的开发下发扬光大。

目前，绝大部分情况下，波特就是特指这种传统意义上的英式啤酒。即便今天研究出了蜂蜜、香草、咖啡、巧克力、棕糖等增料口味，或者是各种过桶版本，但也已经离波特啤酒的辉煌相去甚远，它的辉煌在不经意间已经完全转移到世涛啤酒上。

| 世涛

很多人都认为世涛啤酒是波特的延续，代表着颜色更深、口味更重、有着更多维度变量的啤酒。但各种记载都表明，"世涛"（Stout）一词用来描述啤酒比波特都要早，也不是一种深色啤酒特用的词。在早于"码头工人"（Porter）一词用于描述啤酒的 60 年之前，"世涛"一词已经出现在弗兰西斯·埃格顿伯爵家族（Francis Egerton, 8th Earl of Bridgewater）收集的历史手稿中，用于表示"高度啤酒"的意思，后来捐给了大英博物馆。而且在英语词典中，世涛的意思就是烈性、高度，与黑色并没有关系。比如当时最早出现的相关啤酒类型是：世涛淡色艾尔（Stout Pale Ale），仅仅指这是一款高度数的淡色艾尔啤酒。当然也存在世涛棕色艾尔，当波特出现后也顺其自然有了世涛波特。

前文已经说过，波特曾经在英国大红大紫，在被当时的英帝国辐射到的其他地域也是如此。按照类似配方，采用了德式拉格啤酒生产工艺的波罗的海波特在北欧流行起来，但这种啤酒离英国本土波特风格已经相去甚远，从发酵类型开始便已有所不同。而与此同时，英格兰邻居爱尔兰的啤酒发展，才真正给波特延续了生命并演化出了今天的世涛风格，久而久之世涛就成为一种专门描述深色英式啤酒的词汇。

相比传统波特而言，世涛使用了更多的原料，尤其是烘烤过的大麦、深色麦芽（如巧克力麦芽）的比例等大为提升。这赋予了世涛更高的度数、普遍非常浓烈的烘烤大麦焦煳味、更加丰富和有层次感的口味，以及更重要的无限拓展的空间。如今世涛已经拥有了以下 8 种经典类型，远远超过了传统波特的范畴。

爱尔兰世涛（Irish/Dry Stout）：爱尔兰发苦、干爽版本的健力士世涛流行直到今日，是世界上销量最大的世涛啤酒，这个非常重要，下文单讲。

牛奶世涛（Milk Stout）：又叫甜世涛或奶油世涛，突出特点是加入乳糖，酵母无法完全代谢掉，自然酒体浓厚香甜，能量较高，这个其实更像是"液体面包"，甚至有些美国酒厂会把它叫作"早餐世涛"。

燕麦世涛（Oatmeal Stout）：在普通世涛里加入了不多于 30% 的燕麦作为糖分原料，融合了历史上著名的燕麦苦啤特点，燕麦里蛋白质含量偏高，谷物香味更足，成为现今世涛家族一大特色。

巧克力 / 咖啡世涛（Chocolate/Coffee Stout）：这种世涛一般加入了巧克力麦芽、可可粉、咖啡冷浸液等，有着非常强烈的黑巧克力味，或者咖啡味道，没有任何一个喜欢咖啡的人会拒绝这种酒。

帝国世涛（Imperial Stout）：又叫作"俄罗斯帝国世涛"，加强版的世涛，历史上专供俄罗斯市场（你懂得，所有味道更加浓重），后来因其独特的酒体厚重感让人神往，变得异常流行。以至于任何一款酒的极致都是帝国化，比如帝国 IPA、帝国波特，等等。

牡蛎世涛（Oyster Stout）：一种奇特的啤酒，加入了牡蛎提取物，也是非常少见的在介绍时会提示不适合素食主义者饮用的酒，发明这种酒类型的伦敦哈默顿（Hammerton）酒厂也于 2014 年重新建厂，在努力复现这种啤酒。

特种世涛（Special Stout）：加入了肉桂、辣椒等成分，用别样的风味刺激你的味蕾，它的扩展维度就很大了，包括直接使用一些深色果脯发酵，使用霉香酵母等带来类似马厩味，加入乳酸菌带来酸味，各种别样风味都有可能。

■ 荷兰拉特拉普（La Trappe）修道院酒厂过桶啤酒的一角，现在这已经是很多啤酒厂常见的生产方式

　　过桶世涛（Barrel Aged Stout）：世涛口味可能非常厚重，经过其他酒类木桶的熏陶和陈年，带来的神韵简直无法用只言片语描述。如今，它已成为高端啤酒的代名词，无数酒厂都开始力推木桶陈酿（在威士忌、白兰地、红酒等酒类的木桶里陈年发酵）版本，越发高端，陈酿带来的味道也让人沉醉其中。美国的精酿啤酒运动之后，过桶世涛的中心转移到了美国，在消费主义的推动下做得愈发复杂也愈发昂贵，但只要还有人埋单，这个趋势还会继续下去。

　　如今世界排名靠前的啤酒，几乎被帝国世涛和过桶世涛为代表的世涛啤酒屠版，世涛在今天的影响力可见一斑。不是笔者偷懒只是大致介绍下世涛的家族，而是如果把它讲清楚，恐怕又有一本书要写出来了。

大麦烈酒

前文讲过，啤酒与葡萄酒的分界线基本上就是罗马帝国的北部疆域。罗马帝国对欧洲的影响不言而喻，从酒文化的分界线上便略见一斑。从此，欧洲主流的啤酒产地就变成了英国、荷比卢、德国等中欧地带，夹在葡萄酒和烈酒中间。这中间不仅有原料产地问题（葡萄与大麦产区）、气候问题（俄罗斯等北欧地区过于寒冷），还有不同民族、语言的文化问题。

那么问题来了，北欧有圣诞啤酒，比利时有法兰德斯艾尔和修道院四料，英国的酒鬼们想喝葡萄酒怎么办？或者没那么多钱购买昂贵进口酒的情况下，如何发展出一种替代

■ 大麦烈酒的过桶处理，成为这种啤酒在新时代焕发生机的重要原因（图片来源：Pixabay）

酒款？

答案就是大麦烈酒（Barley wine）。这种啤酒最初起源于古希腊，但后来在葡萄酒的冲击下消失。现代版本起源于英国，标志性的事件是 1870 年英国巴斯（Bass）酒厂推出的第一艾尔（No.1 Ale），然后就成为英国大热大火的烈性啤酒。历史继续前行，这种高度数的啤酒因为各种原因先后被英国的各种战争 / 粮食法案限制，在美国的版本则因为 20 世纪 30 年代的禁酒令被完全禁止。

禁酒令解除后，美国啤酒逐渐发展，到了 1976 年大麦酒从英国走入美国市场，这种啤酒种类才真正火爆起来。著名的铁锚酒厂（Anchor）推出了它们的老雾笛大麦烈酒（Old Foghorn Barleywine），引领潮流！这时也产生了美式大麦烈酒和英式大麦烈酒的区别之一：写法不同！从第一款大麦烈酒开始，美国人就使用了 Barleywine 连写的方式，创造了一个新词。这样的主要目的是防止在啤酒名称和商标上单独出现 wine（葡萄酒）这个词，回避美国食品饮料监管条例的管制。在商业氛围下，这种事情慢慢成为习惯，直到今天，美国酒厂依然沿用了这个惯例。

那么大麦烈酒相比普通啤酒的特点如何？大麦烈酒也以淡色麦芽作为基础麦芽提供绝大部分糖分，使用适量的焦香麦芽增加焦糖味和甜味。由于尽力回避了过于深色的麦芽，它的颜色更多来自稍长的麦汁煮沸时间。大麦烈酒有着非常浓郁复杂的多层次麦芽味，麦芽甜香、面包味、焦糖味占据主导，以英式或美式酒花香味为辅，喝起来几乎完美掩盖了它的苦味。如果说稍有缺点，就是酒精（8～12度）的温热感让人欲罢不能的同时，这款酒还是显示出一些烈性，同时味道以麦芽为主导，略显单一。

美国著名的鹅岛（Goose Island）酿酒厂给出了方案：它们的酿酒师脑洞大开，把酿好的大麦烈酒放入美式波本威士忌中过桶！1992年鹅岛推出了首款波本郡大麦烈酒（Bourbon County Barleywine），这种过桶的大麦烈酒融合了木桶中残留的威士忌味道、浓郁的橡木桶味。在桶中陈年的过程中，经过一定氧化，啤酒的酒精味更加温和，更多水果类香甜酯类产生，氧化带来的雪莉酒味（这是唯一一种对啤酒有益的氧化味道）更与啤酒本身相得益彰，达到了葡萄酒般迷人的芳香和味道。这款酒一经推出，立即大红大紫，在啤酒界引起了轩然大波。过桶风很快吹遍了啤酒界，包括世涛、波特等都开始流行过桶。

过桶又被玩出了新花样，对于大麦烈酒，更多版本开始选择直接过葡萄酒类木桶，这样避免了威士忌木桶过于浓重的味道，从而更加接近葡萄酒。于是，白兰地、里奥哈、雪莉等木桶被开发出来，形成了一个庞大的过桶酒家族，越发壮大！一般情况下，酿好的大麦烈酒会在木桶中待上一年到一年半时间，充分吸收木桶中的味道，适当氧化以调节自身口感、丰富味道。不过一般木桶无法再次使用，这也直接推高了大麦酒的成本，对于一些昂贵的过桶版本，价格也和葡

啤博士的啤酒札记

萄酒相差不多了……但相信笔者，一定物有所值！

所以说，大麦烈酒，发迹于英国，光大于美国。

苏格兰艾尔

提起苏格兰这个神奇的地方，不同的人有着完全不同的解读。音乐爱好者痴迷于它悠扬飘逸的特色风笛；历史学家感慨于它自罗马帝国时代与英格兰的分分合合；人类学家把这里当作研究皮克特人、盖尔人、凯尔特人、维京人的圣地。即便是平民大众，也对苏格兰有着不同的感受。宠物粉们狂迷苏格兰牧羊犬和折耳猫；威士忌爱好者更是被苏格兰威士忌击垮在酒杯里；即便是一个戏谑的文艺作品，也不忘拿苏格兰"齐屁小短裙"开个玩笑。

由于纬度更加偏北，且更加远离北大西洋过来的暖流，苏格兰的气候更加恶劣，温度更低，自然对酒精的依赖更加明显。这么一个神奇的国度，想必笔者也不必过多解释：它的啤酒风格也是自成体系。因此，苏格兰人目前有据可考的酿酒记录已经可以推到 5000 年前的青铜器时代，凯尔特人 / 盖尔人在大麦发酵的饮品中加入一些苦味的草药，而且已经是常态。

他们保持着这个传统，长于世界上其他的任何地区，甚至让人无法理解的石楠花、桃金娘、金雀花都敢随意往啤酒

■ 苏格兰的气候特点使得威士忌是这里绝对的主流，威士忌也用大麦酿造，不过酒液要经过这种复杂的蒸馏设备（图片来源：Pixabay）

里加了调味，也许从《斯卡布罗集市》（苏格兰民谣）上买的那些香料也都能用上吧，这与欧洲大陆很快转向啤酒花调味完全不同。当然，这倒不让人意外，毕竟英国本身也深受欧洲大陆贸易壁垒的限制，很晚才开始用啤酒花，而与英国同样有巨大隔阂的苏格兰用得更少，也就可以理解。所以，传统苏格兰啤酒的酒花味道普遍偏弱。

不同于英格兰广泛使用水晶／焦香麦芽和烘烤过后的黑麦芽制作各种英式啤酒，谷物产量并不丰富的苏格兰人则更喜欢在啤酒中使用本地的淡色麦芽、粗谷粉、玉米片和各种颜色的焦糖混在一起酿酒。使得苏格兰啤酒麦香占据绝对主导，辅以一定的烤面包味道、饼干味道和轻微水果味。在英式啤酒中常见的酒花味、烘烤麦芽的焦煳味极少。由于啤酒是烈酒之外的补充，是基本可以当水喝的普通消费品，因而传统的苏格兰艾尔酒精度数很低，一般不超过 6 度。

但也有一种叫作 Wee Heavy（直译：轻微的烈性啤酒）的啤酒可以突破 6 度乃至到 10 度，满足重口味酒鬼的需求，它相当于苏格兰版本的大麦烈酒。通过麦芽熬煮阶段的长时间锅中糖化（超过普遍使用的一个小时）带来更多焦糖和糊精的香甜，味道浓郁醇厚之余并不会甜到发腻，是冬日里一种不错的选择。同时，虽然苏格兰本地以泥煤威士忌著称，但他们的传统啤酒生产商却从不愿意这么做，泥煤味如果没有高度酒精压制实在太难以接受了。

苏格兰啤酒自成一体，还有很大程度来自文化的区别。苏格兰人命名他们啤酒的一大特点就是直接，直接到用啤酒价格来命名。19 世纪的啤酒交易以 54 英式加仑（4.55 升）的酒桶进行，不同啤酒价格不同，可以想象不同度数意味着不同成本，价格自然不同。按照度数，交易商们普遍喜欢用 60、70、80 先令来命名 3、4、5 度左右的苏格兰艾尔。Wee Heavy 就变成 90 ～ 120 先令。

有意思的是，当时的世涛啤酒是 54 先令，最为廉价；而印度淡色艾尔则是 86 先令，利润颇高。在英格兰波顿地区大量出口印度淡色艾尔到印度和澳大利亚的同时，苏格兰的爱丁堡产出的印度淡色艾尔出口可也一点都不含糊。

这种文化差距是方方面面的，就连啤酒杯，苏格兰人也更加喜欢特色精致的蓟形杯，蓟花毕竟是苏格兰并入英国之

■ 蓟形杯的形状来自苏格兰特色的蓟花（摄影：Dirk Van Esbroeck）

前的国花。相比之下，英格兰人则普遍喜欢简约的品脱杯。

不过这都是过去的历史，到了 20 世纪，苏格兰啤酒反而成为带动英国啤酒乃至世界啤酒风格发生重大变革的力量，这些酒商完全继承了苏格兰人渴望变革乃至革命的心境。他们不仅逆袭成为英国生产印度淡色艾尔（IPA）最好的人，也是最早一批让啤酒过桶的疯子，反正苏格兰到处都是威士忌酒桶，各种过桶重口味都层出不穷。而在用冰馏技术提高啤酒度数的道路上，苏格兰也越走越远，甚至可以说一个地区对抗全世界，像"击沉俾斯麦"（41 度）、"世界的终结"（43 度）这些大作都来自苏格兰。

读者可以找找一家叫作"酿酒狗"（Brewdog）的酒厂，属于苏格兰文化的典型：叛逆不羁，充满想象力。

|爱尔兰世涛

著名的爱尔兰啤酒公司、吉尼斯世界纪录母公司健力士啤酒公司，它的创始人是亚瑟·健力士先生，他在 1776 年酿造出了爱尔兰第一款波特啤酒，也是在 1817 年专利麦芽（黑色麦芽）被发明出来后，第一批放弃使用 100% 棕色麦芽酿造波特啤酒的人，远远早于更加因循守旧的英格兰人。后来他也尝试使用完全不发芽的大麦烘烤而来的黑色大麦酿造世涛波特啤酒，这也造就了健力士的特色，它所有的啤酒第一口就能尝到浓郁的类似苦咖啡和巧克力的味道。

经历两次世界大战的冲击后，英格兰波特一蹶不振，直接销声匿迹，而受到冲击较少的爱尔兰却一直保持着自己的风格。它们依然生产着世涛波特为主的高度数重口味啤酒，以至于"世涛"一词慢慢演化成专门用来描述波特。在最近的 30 年内，以健力士为代表的世涛生产厂家，才为了适应大众口感逐渐降低啤酒度数，形成了今日独特的爱尔兰干世涛

■ 健力士美丽细致的泡沫酒头（摄影：Shirley 鱼）

啤酒。它最大的特色是偏薄的酒体却有浓厚的咖啡味道，酒精度也控制在 4.2 度左右，易饮度很高，对当地人而言真是可以从早喝到晚的咖啡。健力士啤酒对爱尔兰人有多重要，举个例子：它的酒厂位于首都都柏林中心，这么一块风水宝地，租金是 1 英镑用 9000 年……没办法，人家就是这么任性……

健力士还有一个不知名的小秘密：它家的啤酒可不是 100% 素食。虽然啤酒是从大麦酿造而来，但健力士却采用了独特的工艺：使用鱼胶沉淀 / 澄清 / 过滤啤酒中的浑浊物。这种鱼胶普遍由大型鱼类的鱼鳔制作而来，比如鲟鱼。

啤酒在煮沸后，不可避免地会有大麦、啤酒花里的蛋白质存在，在发完酵后必然会存在酵母悬浊，为了追求健力士非常干、非常爽口的感觉，酿酒师才使用了鱼胶与蛋白质、酵母等此类型啤酒不需要的物质结合，形成胶状沉淀，过滤之后才成就了完美的健力士啤酒：酒体偏薄、口味纯粹甘洌、犹如淡淡的咖啡一般。

但你懂得，沉淀的鱼胶怎么可能完全除去，总会有一点残留在酒液里，所以健力士啤酒理论上不是纯素食的。这个酒厂 257 年来都是如此，一点都没变过。不过由于成本越来越高，且有动物保护主义者的控诉，健力士面对越来越大的压力，在 2016 年宣布即将放弃这种生产方式。

可以确定的是，理论上这样一定会改变啤酒口味，但改变多少不清楚。笔者认为，差别不会很大，理由如下：

a. 健力士啤酒的绝大部分风味来自黑色专利麦芽的苦咖啡和淡淡的巧克力味，这跟鱼胶没有任何关系；

b. 它很重要的口感来自于创新使用氮气，这使得酒体细腻顺滑，尤其是那美丽的瀑布般棕色泡沫，每次喝的时候，简直飘飘欲仙；

c. 鱼胶不是提供风味的物质，它也不是唯一的具备此类作用的沉降物质，还可以在煮沸末期使用爱尔兰海藻，也能使用明胶，也能使用一种叫作"聚乙烯吡咯烷酮"（Polyclar，学名"Polyvinylpolypyrrolidone"）的化学物质，甚至什么都不加而采用极细过滤的方式，效果是一样的；

d. 健力士不可能简简单单为了这种投诉压力放弃使用了200多年的鱼胶，主要还是成本上升，新技术（取代鱼胶）已经成熟，且性价比和对啤酒的增效高于鱼胶。

不要低估商家的能力，只有利润会让它们做出改变，所以笔者对健力士放弃鱼胶的做法表示乐观，对口味不会有影响。

如果读者认真看完这一章，估计会对英伦啤酒有一个明显的印象：我行我素。的确，处在欧洲边上，风格却大为不同，恐怕是英国人最大的特点吧。

第七章
CHAPTER 7

捷克啤酒：一城定乾坤

啤酒几乎伴随着人类农业文明而出现，而又随着欧洲人大航海时代的船舶走到全世界，然后被强势的现代消费文化带起了又一波精酿革命。文化在交融，王朝在更迭，啤酒也在进化，但归根结底还是为人类提供着快乐的来源。而紧邻德国的东欧国家：捷克、斯洛伐克、奥地利，它们坐拥欧洲最美丽的风景——阿尔卑斯山，拥有最优质的土壤、最优质的水源，这些因素也产出了味道最为纯粹的啤酒。

全世界最能喝的神秘国家

说起最能喝的国家，不少人第一反应是德国，因为德国啤酒进入中国由来已久，也是世界上啤酒的主要发源地之一，啤酒文化影响力很大，德国的小麦啤和黑啤更是成为国家标志性的商品。

然而，虽然在2014年德国人的人均啤酒消耗量达到了惊人的104.7升，超出中国人均消耗量的两倍还多，但德国人依然没能排进前三，排在德国人之前的是奥地利人，仅仅以0.1升的微弱优势领先，德国屈居第四。

排名第二的却是个名不见经传的小国家——塞舌尔。这个1976年独立、来自印度洋中西部且面积仅为445平方公里的岛国却以114.6升的人均啤酒消耗量排名第二。塞舌尔属于英联邦国家，经济发达，深受英国人饮酒文化的影响，对付赤道附近酷热天气的一种办法就是大量喝啤酒。这个国

■ 童话般的捷克首都布拉格，也孕育出世界上最能喝的人们（图片来源：Pixabay）

啤博士的啤酒札记

家自己并不产啤酒，通过大量进口来自欧美的啤酒以应对人民的需求。

意想不到的是，捷克人却以142.6升的人均饮酒量傲视群雄，长期牢牢占据排行榜头把交椅。捷克是个容易被忽视的啤酒大国，但实际上是啤酒在欧洲兴盛起来的重要发源地之一，西部小城皮尔森创造出的皮尔森啤酒（Pilsner）则成为目前世界主流拉格啤酒的起源。美国百威也和捷克百威（捷克一个小城的名称）因为商标纠纷打官司打了100多年。

笔者曾经在捷克开国际会议，其间见识到当地喝酒如同喝水一般习以为常，在布拉格的街头，几乎每走几步就能发现一家啤酒酒吧，而餐厅里的皮尔森啤酒更是菜单之外的标配，几乎每家餐厅都有两个打酒的酒头：一个为黄色的皮尔森啤酒，另一个则是捷克黑啤。在超市里，很多啤酒的售价和瓶装水几乎没有区别。

捷克还有着浓郁的庭院式风格餐厅文化，大门之后藏着一处巨大的庭院，路过的亭廊里是安静的雅座，庭院左边或右边是忙碌的后厨和一大排酒桶，而广阔的庭院里则摆满了长桌。密密麻麻的人群坐定，送酒小哥们穿着围裙快速穿插其中，每为你送上一杯便会在啤酒杯垫背后用笔画上一下作为计数。

黄昏时分，落日的余晖照在庭院，树荫下人们谈天说地，一杯杯的啤酒端到你面前，一丝丝醉意在大脑积累，一笔笔在杯垫刻画，好不惬意！而到了晚饭时间，捷克极具东欧特

■ 捷克庭院式餐饮吧

色的手风琴便会登场，总有一位大叔，穿着皮夹克背着手风琴，穿着传统服装一边跳，一边唱着经典的捷克民谣：《啊，牧场上绿油油》。

啊，牧场上绿油油

凉风吹来

青草如海浪

啊，牧场上绿油油

春光真美丽

风景好，嘿

山上的白雪

融化成流水

流下了山坡

流到了山谷

奔流到原野

灌溉了田园

流水真愉快

歌声不停，嘿

夜色随着悠长的歌声偷偷降临，昏暗灯光笼罩下的酒鬼们开始大声合唱，含蓄内敛的人们也开始轻声附和。终到一刻高潮来临，全场合唱的音浪冲破层层树叶，直上云霄！

终于明白，为什么捷克人会喝掉这么多啤酒了！

皮尔森——啤酒业制霸

一方水土养育一方人，对于啤酒而言更是如此，尤其是在工业革命之前，人们并没有改造水源和植物品种的技术，得天独厚的条件成为啤酒崛起的最重要因素。捷克地区产出了世界上最优质的大麦和啤酒花，极具特色的萨兹酒花以温润的松脂香、药草香、轻微泥土香而著名，获得了"贵族酒花"的称号。这里水质极软，各种矿物质含量极低，是啤酒最理想的酿造水源。

捷克正是以大名鼎鼎的皮尔森啤酒而著名，它来自波西米亚地区的首府——美丽的皮尔森小城。由于皮尔森本地水源的水质超软，没有其他地方硬质水带来的酿造困扰，它酿造的酒清亮透明、鲜爽可口，能最大程度突出麦芽和啤酒花的味道；而本地特色的皮尔森麦芽则赋予啤酒淡淡的烤面包麦芽味、略微的焦糖味作为点缀，背景则是鲜明的面包谷物味，它赋予啤酒的透亮金黄色更是让人神魂颠倒。

东欧啤酒的崛起已经带有鲜明的政治文化和科技发展意味。在 19 世纪，欧洲的玻璃制作技术已经日趋成熟，玻璃杯不再是上流社会才消费得起的昂贵奢侈品。随着玻璃的普及，杯中的皮尔森啤酒成为捷克最亮丽的风景。且看金黄色的啤酒杯中，一缕缕气泡从底部逐渐升到顶端，好不快活！

■ 皮尔森杯中美丽的啤酒（摄影：李劲康）

■ 世界上的第一款皮尔森啤酒，就是来自皮尔森起源（Pilsner Urquell）酒厂

当时的欧洲处于黄金的"梅特涅时代"中。梅特涅是哈布斯堡王朝卓越的外交家，他运筹帷幄，给欧洲带去数十年的和平，并且大量输出奥地利帝国（彼时波西米亚属于帝国的一部分）的文化。随着欧洲铁路网的建

设进入全盛时期，捷克的文化标志——啤酒也因此输送到欧洲每一个角落。

在贸易过程中，捷克各地乃至欧洲各国都对来自皮尔森小城的啤酒极其疯狂，以至于根本没人关注是哪个酒厂的啤酒。交易的时候，人们只要"来自皮尔森的啤酒"，于是捷克人索性用"皮尔森"来命名他们的啤酒，直到今日。皮尔森啤酒是目前酿造范围最广的啤酒，几乎所有你耳熟能详的啤酒品牌（喜力、嘉士伯、百威、科罗娜、青岛、雪花等），都在效仿或在它的基础上改进。但正儿八经的皮尔森啤酒要求很高，它需要本地产的全麦芽（皮尔森麦芽）酿造，需要本地产的萨兹酒花，需要长期低温窖藏让味道彻底纯粹下来。因而绝大部分其他品牌目前都属于新命名的国际拉格或者美式拉格种类，比起皮尔森更加注重工业化生产，例如大量使用玉米和大米淀粉替代昂贵的麦芽，使用酒花浸膏①而非整花酿造，将啤酒先发酵到高度数再稀释到上市度数。市场上常见啤酒仅 2～3 度，远低于皮尔森的 5 度左右。

而到了奥地利（曾经和捷克同属于一个帝国），坐落在阿尔卑斯山脚下的维也纳，则受益于山上融化的纯净雪水。水质很硬，富含碳酸盐。维也纳人因地制宜，在酿造过程中长时间熬煮麦芽，形成了神奇的锅中糖化效果。这种技术下酿造出来的啤酒带有明显的焦糖甜味，采用下发酵的拉格酿

---

① 通过有机溶剂蒸发或液态二氧化碳萃取而来的黄色液体，高浓度的啤酒花成分，使用效率提高，但也无法完全获得啤酒花中所有成分。

造技术，且经过长时间的窖藏处理。这种略显红色的维也纳拉格啤酒，一口下去的鲜香甘甜可谓是最纯粹的享受。

东欧啤酒兴起之时也是这些国家强盛之时，啤酒附着的文化属性也随着这些国家的影响力急速扩张出去。这些啤酒都是上天赐予的礼物，它们拥有最好的原料与水源，也自然酿造出世界上味道最纯粹的啤酒。

怪不得，直到今天，捷克人一直牢牢霸占年人均啤酒消耗量世界第一的宝座。

第八章
CHAPTER 8

美国啤酒：消费主义的啤酒革命浪潮

　　从前文可以发现，自从欧洲开始工业革命后，生产力快速提升，对贸易的需求急剧扩张，英国的啤酒也迅速演化成各种风格并出口到世界各地。随着英帝国的殖民史拉开序幕，这些啤酒又跟随着坚船利炮扩散到其他国家，英国曾经的殖民地印度、美国、澳大利亚等皆是如此。讲完欧洲，目标就转向如今的啤酒帝国——美国。

　　美国啤酒本质上继承了英伦啤酒的衣钵，但又随着波澜壮阔的移民史融合了世界各国的啤酒风格。随着美国工业生产能力和经济发展水平的不断提升，美国啤酒在世界上的影响力也在逐渐提升。先是新崛起的工业量产啤酒由于其成本优势和销售价格，大大挤压了传统欧洲啤酒的生产，再后来随着美国消费主义的兴起，又一波所谓精酿啤酒的浪潮正在袭来。

　　不过，笔者在这里加了一个"所谓"的定语。关于精酿啤酒的定义，笔者也将努力在这个章节解读。

早期的美国啤酒

考古和人类学研究早就揭示了北美土著的来历：5 万年前就有亚洲土著经过那时候还是陆地 / 冰道的"白令海峡"抵达北美。北美物产丰富，以密西西比河为主的巨大河道网络冲积出了世界上最大的耕地，正如前文讲到古代两河流域和埃及的啤酒考古历史一样，人类农业时代后，美洲也出现了原始的啤酒发酵痕迹。后来，北美又经历了殖民时代，文化遭遇巨大变动，时至今日北美原住民古代历史上的啤酒痕迹已经很难追溯，本书还是从今天北美雏形的形成过程开始，为大家解读美国啤酒。

1492 年，哥伦布抵达北美大陆附近的巴哈马群岛，并开始早期殖民，随后掀起了欧洲各个海洋强国对北美殖民的狂潮。不过早期的开发并没有想象中那么快，这个过程持续了数百年。

1607 年，伦敦的弗吉尼亚公司建立了英国在北美的第一个殖民地，比"五月花"号抵达北美还要早 13 年。1607 年，弗吉尼亚也有了第一批从英国运过来的啤酒。不过在此前的 1587 年，这里的早期殖民者就有了自酿啤酒的记录，但毕竟那时条件太恶劣，这些酒鬼们只是用本地的玉米"大致发酵"了一下。

想必大家不知道，如今美国最重要的经济区域——哈德

■ 19世纪70年代的纽约 - 曼哈顿俯瞰图，这里是美国啤酒继承欧洲衣钵的起点（图片来源：Pixabay）

逊河出海口，有一个古老的名字：新尼德兰，也就是 1624 年建立的新荷兰（"尼德兰"是荷兰语官方名字 Nederlande，前文提到的澳大利亚用的 Holland，事实上只是荷兰两个省的名称）。自然，这个区域的中心——纽约也有一个古老的名字：新阿姆斯特丹。荷兰人是这里最早的主人，他们还修葺了最早的街道之一 Wall Street（墙街），这里后来成为闻名遐迩的华尔街。与荷兰人一起到来的，还有 1612 年在此设厂的小型荷兰酒厂。而荷属西印度公司于 1632 年建立的啤酒厂则位于 Brewers Street（酿酒师大街），一般把它作为美国大型啤酒厂的起点。

荷兰人的风头很快被英国人盖过，他们通过第三次英荷战争击败荷兰，在政治和军事上取得新尼德兰的统治权，并把阿姆斯特丹改名为"新约克"（New York），或者今天的译名：纽约。英国后来成为北美大陆最重要的存在，美国建国时的核心地区都处在英国的统治下。

不过，还记得前文提到，澳大利亚的居民们把从另一个英国殖民地——印度运过来的啤酒炫耀为"来自印度的淡色艾尔"吗？英国在北美的早期殖民地对英国啤酒的态度亦是如此，后来演化而出的美国啤酒带有很明显的英国啤酒痕迹。

不过，早期的殖民地啤酒厂几乎不可能酿造原汁原味的欧洲啤酒。忽略气候和工业水平，原料本身就是个很大的问题。进口欧洲大麦和啤酒花再酿造成啤酒，根本无法挑战直接进口啤酒的成本优势，美国本土啤酒原料需要迅速本地化。

美国本土的大麦有个大问题：它有六个棱（麦穗的横切面呈正六角形），欧洲的只有两个棱（实际上是其中四个不发育）。品种的巨大区别在于，六棱大麦蛋白质含量偏高，并不适合酿造大多数欧洲风格的啤酒。

不过这难不倒酿酒师，他们可以通过"大麦＋其他糖分来源"的方式减弱蛋白质的影响，北美盛产的玉米成为最佳选择，甚至后来的大米亦是如此被使用起来。其他低蛋白质含量谷物的参与，使得美式啤酒的发酵反而更加彻底，味道更加清冽、爽口。玉米和大米的产量都极高，啤酒成本也因而降低。

随着美国 19 世纪移民时代的到来，英国人、德国人、捷克人、荷兰人、爱尔兰人蜂拥而至，这里自然迅速汇聚了欧洲各种啤酒的风格。他们使用美国本土的原料，改造改良自己的啤酒配方，在这个新天地里一展拳脚。拉格、小麦啤、淡色艾尔、波特、世涛、大麦烈酒，它们抵达美国之后迅速吸纳本地特色，有的加入玉米糖浆，有的加入北美特色的啤酒花风味，有的开始过桶陈年，使得源自欧洲的啤酒家族越发精彩。

工业大生产时代，尤其是第二次工业革命的到来，美国崛起，更使得以拉格为代表的啤酒进入大规模量产阶段，美国啤酒以其成本低、发酵程度更高、口味更加清冽爽口迅速占领市场。而在 20 世纪初，在美国成长为世界第一大工业生产国和第一大经济体的情况下，巨大的市场能孕育出多少啤酒企业？相信无须笔者再介绍，读者们已经有所体会。

| 此百威非彼百威

百威（Budweis，捷克语 České Budějovice）本是捷克南部与奥地利交界地带的一座城市，是南部波西米亚地区的政治与经济中心。自从 1256 年波西米亚的国王奥托卡二世建立这座城市以来，它便开始了生产啤酒的历史。这里是神圣罗马帝国的皇家酿酒厂所在地，这里的啤酒也因此被称作"国王的啤酒"（The Beer of Kings），影响力之大可见一斑。

这个影响力一直传播到了美国。提起象征美国的著名商品，除了可口可乐、肯德基、麦当劳、星巴克等，另一个恐怕就是大名鼎鼎的百威啤酒。美国独立之后，迅速发展的国力使得美国人看到了美洲大陆广袤的西部，西进运动兴起，大量新移民开始开拓未知的世界。而地处东、西部交界地带的圣路易斯（美国百威总部和发源地）则很快成为西进运动的物流和交通中心，这里聚集着大量的流动人口，城市也很快兴盛起来，对各种商品的需求极其旺盛。

在这种背景下，1876 年，来自德国的布希（Adolphus Busch）和他的岳父安海斯（Eberhard Anheuser）共同合作创立了一家啤酒厂（实际为布希在继承岳父已有的产业后又把它大大扩张了），起名为安海斯 - 布希（Anheuser-Busch，为两人姓的组合）。他们特别希望能复制来自欧洲的拉格啤酒，从而满足更多欧洲移民的需求以谋取利润。一位叫作卡尔（Carl Conrad）的酒类进口商人的加入使得这一切成为可能，他们一起开发出一种"波西米亚风格"的拉格啤酒，这便是捷克百威啤酒在美国的翻版，他们也起名叫"百威"。在 1920 年美国颁布禁酒令之前，百威已经成为美国最著名的啤酒品牌。

1920—1933 年，美国禁酒期间，生产酒精度高于 0.5% 的饮品在美国变成非法，安海斯 - 布希酒厂也面临前所未有的巨大压力，不得不转型生产无酒精的饮料，极其艰难地生存着。但成功的营销策略使得他们熬过了这一阶段，在 1933

■ 直到今天，百威的苏格兰高地马车依然是酒厂的象征（图片来源：Pixabay）

年禁酒令取消后，百威立即找来六匹最名贵的苏格兰高地马，这马高大威武（可高达 2 米），组成一辆马车，第一时间将啤酒拉到首都华盛顿，成为禁酒令后的第一批啤酒。因为此事，百威也迅速成为禁酒令后的美国第一啤酒品牌，直到今天也是如此。

　　百威的成功也和它对啤酒质量的改进有关。为了节约成本，同时降低美洲六棱大麦里蛋白质的影响，百威率先使用玉米淀粉作为糖分替代物。后来由于战争法令的影响，又改作使用美国人不习惯食用的大米淀粉替代大约 30% 的大麦成分，直到今天的配方也是如此。它还创新地把山毛榉木条放在发酵罐底部，以沉积酵母，促进啤酒成熟。

　　时至今日，美国百威改进过的啤酒已经和它的起源——波西米亚风格的捷克百威完全不同，它有了一个新名字：美式淡色拉格（American Pale Lager）。最大特点是使用糖分替代，口味淡、清爽、易饮。虽然被叫作"工业水啤"，但由于受到绝大多数啤酒消费者的喜爱，火遍全球市场，中国目前所有的大型啤酒品牌都是接近这种类型。而百威集团也在很早的时候便进入了中国市场，目前是牢牢占据中国前五的品牌之一。

但自从百威壮大以来，它与捷克百威的商标之争便从未停歇。从1894年的首次官司起，两方便开始了漫长的商标战争，各种官司打遍了欧洲各个国家。

1907年，双方便达成了基本协议，规定安海斯－布希在北美可以使用"Budweiser"商标。但当时捷克百威完全低估了美国百威的实力，因为它的扩张速度实在太快。在1911年和1939年，双方再次签订了协议，规定安海斯－布希公司可以在欧洲之外使用"Budweiser"商标，而在欧洲内则由捷克的两家百威酒厂使用。随后，美国百威的扩展势头走向全世界，随着各种官司的落败，捷克百威的使用范围在逐渐缩小。20世纪90年代，欧盟法官认为两种啤酒风格截然不同，商标不会造成混淆，美国百威也进入欧洲市场。

而到了2009年，美国百威

■ 笔者在捷克首都布拉格开会时喝到的捷克百威，可以看到在商标下面清楚写道：原产地（B：ORIGINAL）

加入世界第一大啤酒公司英博（InBev），美国百威真正在欧洲立足下来，品牌得到了大幅度推广，而捷克百威的命名权被限制到几乎只在捷克境内，在捷克，美国百威必须改名为"Bud"，是百威（Budweiser）的缩写。虽然美国百威已经拥有了强大的商业能力，数次提出要高溢价收购捷克的百威酒厂，但捷克政府始终不同意，无论开出多高的价钱都不行。在他们眼中，捷克百威啤酒已经成为了捷克啤酒乃至捷克这个国家的象征。

美国的原创啤酒

在美国的发展过程中，自然也演化出了独立风格的啤酒，正如美语和英语之分。除了前文提到的拉格，美国也出现了几种特殊的本土风格啤酒。

南瓜艾尔

南瓜在西方文化中的地位，想必大家在各种影视作品和小说著作中都可以感受到，万圣节（鬼节）也使得南瓜灯文化传播到全球各地。南瓜糖分含量很高、产量大、成本低，在早期的殖民者看来，这无疑是酿造啤酒可以使用的重要原料。他们一般把南瓜捣成泥，煮沸之后去掉讨厌的纤维，剩下的就是纯粹的糖汁，这非常接近大麦出糖、过滤的过程。

加入南瓜的啤酒，自然也拥有浓郁的南瓜味，这相比主流的欧洲大麦味啤酒而言可谓"非主流"，喝起来发甜甚至发腻，早期的南瓜啤酒基本都需要通过高度的酒精掩盖甚至加入香料来调和。而且它还有一个最大的缺点——时令，毕竟南瓜的产地和上市时间都有限，且保存时间也有限，使得南瓜啤酒只能是季节性的存在。

在19世纪大麦得到广泛种植后，南瓜啤酒慢慢失去了优势，逐渐销声匿迹。直到近些年，酒鬼们重新想起了这种啤酒，它才重新出现在市场上，但南瓜更多是作为一种配料存在。总体而言，南瓜艾尔已经是美国啤酒历史上的一个丰碑，在那个物资匮乏的时代，它解决了太多酒鬼的饮酒欲望。

蒸汽啤酒

美国的早期形态主要集中在北美大陆的东海岸，在领土疯狂扩张的19世纪，美国从法国、西班牙、俄国、墨西哥等国手中采用各种渠道拿到了今天西部海量的土地，绵延4800千米的落基山脉也为美国提供了丰富的矿藏，自然包括珍贵的黄金，淘金热成为美国下一个经济发展的原动力，彼时西海岸的终点——加利福尼亚州也因而得名为"金州"。

在国家土地政策的扶植下，无数的东部人民涌向西部，他们在那里可以拿到几乎免费的土地，可以找到改变家族命运的巨大财富，有梦想的酒鬼们也处在这一波又一波的洪流中，啤酒自然也要跟上。前文提到，美国中部圣路易斯的百威啤酒就是这么中途发家,这并不意味着啤酒西进到此结束,它们一直抵达西海岸的旧金山。

西部气候炎热,由于刚刚开发,工业基础薄弱,几乎没办法建立现代化的专业酒厂。于是当地酿酒师想到一种非常不可思议的办法:用拉格酵母在高温下发酵,根本不考虑制冷方案,先酿出酒再说。它用大型浅层开放式的发酵容器(冷却槽)发酵,在西部炎热的气候下,发酵过程中甚至可能伴随着阵阵蒸汽,瓶中发酵后也会使得沙口感十足,并在开瓶时有一种蒸汽的效果,这种啤酒也因而得名为"蒸汽啤酒"。

后来,酿酒师作出重大改进,一方面利用旧金山海湾地区凉爽的环境温度解决制冷难题,另一方面采用精心育种的拉格酵母发酵,在相对较高的温度环境下发酵出相对清澈的

■ 铁锚(Anchor Brewery)酒厂依然在用最早的铜锅参与酿酒

啤酒。这种蒸汽啤酒的定义者基本就是来自旧金山的铁锚酒厂（Anchor Brewery）。这个 1896 年就建立的酒厂，见证了美国西部啤酒的兴衰史，酿造出美国最经典的蒸汽啤酒，也领导了 20 世纪 80 年代至今的精酿啤酒革命，名垂美国啤酒史册。

不过现在蒸汽啤酒在更多的场合被叫作另外一个名字：加州啤酒。的确，源自加州的它和加州一样，是从一片蛮荒中逐步成长而来的极致存在，经典又充满意义。

野菌艾尔

美国横跨大部分北美洲，拥有的自然环境也无与伦比，这里拥有丰富的物种。前文提到过比利时谐纳河谷的酿酒师采用大自然赐予的礼物酿造啤酒，空气中的各种菌群成就了经典的兰比克、赛松等啤酒，北美大陆不一样的空气也能造就独特的美式野菌艾尔。

相信读者可以脑补出来，由于环境的多样性，野菌艾尔的种类也多种多样。其中，既有类似兰比克的酸啤，也有添加了霉香和马厩味的布雷特（Brett）风格，甚至多一些药草和香料作为折中也未尝不可。这是个庞大的家族，它的变化也是多种多样。

旺盛的市场需求就会催生出天马行空的配方设计，美国啤酒中的另类还非常多，甚至还在不断孕育，这部分永远无法被总结完毕。

美国啤酒的酒花传奇

　　经过了"二战"后的经济发展黄金时代，美国人在消费主义的文化刺激下对物质的需求达到顶峰，在啤酒行业的体现就是对啤酒品质的要求提高，这也是后来人们称作的"精酿啤酒运动"。这个运动自 20 世纪 80 年代发轫于美国，新一批酿酒师们开始对市面上越来越多千篇一律的工业啤酒进行反击。得益于有利的税收政策以及多样化风格啤酒的市场需求，越来越多的中小酿酒厂开始生产小批量风格新颖、风味独特的精酿啤酒。印度淡色艾尔（IPA）由于制作起来较为简单且特色鲜明，迅速成为最流行的酒款，而且被美国的酒鬼和酿酒师们进行大刀阔斧的改革，后来自成体系为美式风格。

　　英式 IPA 普遍使用英国本地麦芽，这种麦芽自带较重的麦芽味、焦糖味、饼干味，比普通淡色麦芽味道更重。而美国人则换成了淡色麦芽，尤其是北美的六棱大麦麦芽。在麦芽味道，尤其是甜味方面减弱不少，美式 IPA 也普遍使用发酵程度明显更高的酵母，啤酒的口感更加清冽，使得酒花味道更加突出。

　　对于最核心的啤酒花方面，传统的英式啤酒花如戈丁和法格尔斯，风味特色是淡淡的花香、泥土味、松脂味。而到了美国就变成另外一种截然不同的光景，由于高新农业的存在，美式酒花的味道范围极广，以至于世界上 70% 以上的酒

■ 美式酒花的使用，彻底颠覆了IPA这种啤酒的历史（摄影：刘昆）

花种类是最近几十年由美国培养而来。美式经典酒花如卡斯卡特、哥伦布、奇努克、亚麻黄、西楚、马赛克等几乎垄断了 IPA 市场。相比味道保守雅致的英式酒花，美式酒花带有明显的热带水果、核果、西瓜、葡萄柚等味道，闻起来明显奔放很多。这也是美式 IPA 更加为人接受的一个重要原因。

还有一个重要方面是，普通 IPA 更容易酿造和"批量"生产。总体而言，IPA 酿造不需要像高度数啤酒的过长时间的第一次（主）发酵和装瓶后的第二次发酵，不需要复杂的配方设计、出糖手段和独特酿造技术，更不会出现陈年和过桶这一说法。几乎所有的家酿爱好者都是从 IPA 开始入手，一个很重要的原因在于 IPA 确实以突出酒花味为主，只要基酒基本没有质量问题，选对了酒花后足量的投放总能保证一定的味道。

对于酒厂而言更是如此，IPA 的特点在于更快的酿酒生产周期（无须久藏占用设备）、正常的生产成本（无须过多麦芽追求高度数）、较多的变化维度（酒花选择多）、更容易为人接受（度数低、味道香），这导致几乎任何一个酒厂都拥有自己的 IPA，牢牢占据了生产计划和市场铺货量的相当大一部分比例，追求性价比和感官体验的消费者自然会将 IPA 推上神坛。

IPA 因而经常被吃瓜群众

■ 美式 IPA 的极致都是大量使用各种酒花
（摄影：刘昆）

说成"酒花水"，似乎 IPA 就是普通淡色艾尔干投啤酒花。这样说有一定道理，但显然不能代表一些新品，不少 IPA 现在做起来也相当复杂，比如狗鲨头酒厂著名的 60/75/90/120 分钟系列，不断地投入酒花，还有一些使用特殊的酒花回流器（hop back）。

相比英式 IPA，美国人用料更加奔放，酒精度会偏高 1～2 度；酒花用量大，苦度也要偏高 10 IBU（国际苦度单位）左右，香味方面明显较强。但更重要的是，美国消费者对啤酒的变化维度要求更高，在 IPA 席卷精酿啤酒圈的今天，它的各种衍生版本和变种简直让人目不暇接。

烈度上说，从工休（Session）版本的 3 度、普通 IPA 的 6 度、双料 IPA 的 8 度，一直到帝国化的 10 度，甚至各种夸张的酒花炸弹（"击沉俾斯麦"达到了 41 度），应有尽有。如今，在英式 IPA 基础扩展而来的 IPA 已经可以被区分为如下种类。

a. 美式 IPA，强烈的酒花味，明显的美国和新世界酒花风格；

b. 双料 IPA，酒花香味更足，酒精度更高，苦度也相应更高；

c. 比利时 IPA，在比利时修道院三料的基础上改进而来，酒花味中掺有浓烈的酵母酚类醛类味道、香料味，沙口感很强；

d. 黑色 IPA，使用黑色麦芽，带有咖啡焦香甚至糊香；

e. 棕色 IPA，使用焦香麦芽、水晶麦芽，残糖带来的甜味与酒花苦味良好平衡；

f. 红色 IPA，美式琥珀艾尔基础上的 IPA 改进，带有轻微太妃糖、轻烤味；

g. 黑麦 IPA，引入黑麦至配方中，引入独特的谷物风味和较干的口感；

h. 白色 IPA，小麦啤版本的 IPA，带有明显的小麦风味、面包味，轻微的丁香酚芳香。

是否还没喝酒，你就已经糊涂了？但这不是终点，因为这些年来美国开发的一个新种类已然冉冉升起，它就是浑浊 IPA。

酿酒师在浑浊 IPA 研究方面真是煞费苦心。酒花回流、

■ 浑浊 IPA 的视觉冲击力丝毫不亚于小麦啤（摄影：刘昆）

涡流回旋干投、大量后期干投等酒花投放技术的运用，使得酒花将更多的芳香酯类物质释放而避免引入苦度。在发酵后期，在酵母和二级代谢产物的作用下形成大量稳定的多酚，均匀分布在啤酒中。他们还将其他的谷物，如小麦、燕麦、黑麦都作为增味的重要物质。多种轻烤／水晶麦芽的运用，则给浑浊 IPA 增添了可能的甜味以均衡刺口的苦味。同时糊精和蛋白质的残留，充实了酒体，使得口感得到一定提升。由于一般不加任何过滤和杀菌步骤，最大限度地保留了健康的活菌与绝大部分初始风味，一杯鲜活的浑浊 IPA 放在你面前时，恐怕无人能够抵抗。

从美国到全世界的精酿啤酒革命

前文提到过，美国啤酒自建国伊始便开始发展，美国国父乔治·华盛顿在 1757 年就写下了自己的自酿啤酒配方手稿。建国后酿酒厂数量非常多，但由于南北战争的冲击，酿酒厂受到了破坏性的影响，总数迅速衰减到一半，在 1865—1877 年的重建时代也不能恢复。随之而来的美国最大移民潮和镀金时代更是推崇威士忌和红酒文化，导致啤酒行业逐渐衰退。

而经济大萧条的冲击则更为猛烈，直接的威胁就是美国实行了残酷的《禁酒法令》，所有啤酒厂全部被禁止生产酒精饮品，包括百威在内的大型酒厂被迫转型生产各种无酒精饮料，也在历史上第一次出现了美国没有一家啤酒厂的罕见情况。直到 1933 年该法令废除，行业才开始反弹。

"二战"之后，随着美国经济的再次快速崛起，商业经济急速发展，啤酒行业的商业并购和寡头垄断现象越发明显，酒厂出现了大量兼并，小酒厂难以生存，纷纷倒闭，一直维持到 20 世纪末。

而从 20 世纪 90 年代开始，美国逐渐进入网络信息时代。跟随着互联网泡沫吹大的，还有精酿啤酒行业的急速扩张，众多酒厂纷纷建立，迅速达到最高点。但由于酒厂扩张过快，导致行业无序竞争甚至恶性竞争，极大地限制了行业的进一步发展，很快，酒厂便沉寂下来。

近几年来，商业资本的逐利性推动了很多行业的发展，各种创业公司因而快速成长为独角兽，它们又很快瞄准了精酿啤酒这一小众但快速发展的新天地。手机等移动终端的技术进步起到了推波助澜的宣传作用，美国啤酒产业再次出现了历史上罕见的大飞跃，酒厂数量已于 2016 年达到历史最高点，目前已经突破了 5000 家的大关。

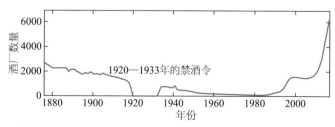

■ 美国啤酒厂数量变化图

啤酒的四种基本原料：水、酵母、啤酒花和大麦，无一不是农业甚至工业技术的体现。美国地大物博，整体环境适宜农业生产，在拥有世界上最大的农业产量同时，在啤酒花品种培育、大麦培育和酵母培养方面有着独一无二的优势。在德国、捷克和英国酒花垄断市场数百年后，美式的各种 C 系列酒花开始大举占领市场，尤其是在如日中天的 IPA 领域。

工商业的发达也与精酿的发展密不可分，工业生产、商业物流、商业营销都是促进啤酒行业发展的必备元素。商业资本的注入则是近年来的一大亮点。把精酿做到极致非常困难，但实现入门开厂却不难，因为精酿的从业门槛相当低。懂得啤酒原料和酿造过程，确定酒厂选址，购齐设备，然后弄清销售途径即可，但关键时刻的扩张则需要资本的注入。

单单在 2015 年，啤酒行业涉及精酿酒厂的并购 / 投资案就非常多：督威（Duvel）并购火石行者（Firestone）、左手（Left Hand）酒厂员工持股计划、鲁西德（Lucid）并购天空（Sky）精酿、萨博米勒（SAB Miller）并购明泰（Meantime）案，等等。还有无数小酒厂众筹事件，数不胜数，足以可见资本注入的影响力。

任何一个行业的崛起，都离不开最核心的人才储备。排除大型商业酒厂，美国精酿啤酒的从业人员以十万计，且相当多部分受过良好的商业教育。兴趣和爱好不能促成一个产业，而在潜移默化中，酿酒师、酒厂老板的商业素质和经验成为酒厂扩张最重要的因素。有些酿酒师更是癫狂一般热爱

■ 笔者家附近小啤酒商店售卖货架的一角

啤酒，大量创新，比如过桶风潮、野菌艾尔风潮、美式 IPA 风潮，都是从美国兴起并扩散到全世界。

　　而从另一角度，美国精酿啤酒的市场也基于广大消费者的强大消费能力。有不完全调查表明，美国知道或尝试过精酿啤酒的国民接近 1 亿，几乎是这个国家 30% 的人口，覆盖了上至总统下至工薪阶层的人群结构。这是个非常恐怖的数字，加上美国人的消费能力与消费习惯，自然成为精酿啤酒得以长足发展的根本动力。

　　美国拥有几大全国性协会：以酿酒师和啤酒从业人员为主的酿酒师协会（Brewers Association）、以家酿爱好者为主的家酿爱好者协会（American Homebrewers Association）、以家酿啤酒爱好者和啤酒品酒师为主的啤酒品酒师认证协会（Beer Judge Certification Program）。几大协会覆盖了不同的人群，基本覆盖了行业内所有从业人员与消费者，它们也极大地推动了美国啤酒行业的发展。

|精酿啤酒到底精在哪儿？

随着美国消费文化的带动，啤酒在 20 世纪 70 年代起快速恢复影响力，很多酒鬼把这个过程描述为"精酿啤酒革命"（Craft Beer Revolution）。美国人管他们的新时代创新啤酒叫 Craft Beer，直译过来应该是手工啤酒，或者可以叫作精工啤酒、工匠啤酒，高岩在写《喝自己酿的啤酒》时把它翻译成了精酿啤酒，后来在中国慢慢流传开来，被各种商家应用。

然而很多人都问过笔者："精酿啤酒到底是什么"？笔者不妨接着美国的啤酒风格探讨一下。

先说结论，从啤酒风格和演化历史上看，并不存在所谓的精酿啤酒。

前文说过，啤酒行业起源于德国、比利时、英国这些欧洲国家，但随着美国农业、工业、商业实力的崛起，全面接收并创造了精酿啤酒这杆大旗，成为世界的标杆。强大的工业生产能力使美国啤酒迅速席卷全球，后续的资本时代又使得美国酒厂的增长速度令人瞠目结舌。不知不觉中，美国已经由啤酒文化输入国变成了输出国，尤其是全面影响了世界的精酿潮流。

但在笔者看来，甭管是不是商家的利用和推广，精酿啤酒本质上更多的是一种文化概念。官方从来没有过定义，只有美国有过对微小酿酒厂规模的定义，即：

1. 年产量少于 600 万桶；

2. 酒厂不能有超过 25% 的股份被非精酿酒厂控股；

3. 至少有一款主打产品，或是超过 50% 的总销量中没有使用辅料酿酒。或者即便使用辅料，也是为了增加风味而不是减少风味。

总体上这个定义并没有清楚界定什么叫作精酿啤酒，目前它的上限已经拥有足够大的体量，毕竟 600 万桶已然不是个小数目，且随着美国各大"精酿"酒厂的规模发展，该定义也在不断扩展。如今，精酿啤酒成为国内各个酒商和酒吧标榜自家产品的一个标识，仿佛加上它就代表着身份、品质与地位，正如在保健领域，商家会使用天然无公害、生态、纯天然、非转基因等关键词一样，更多是一种营销概念。

其实不是商家和媒体选择了精酿啤酒，而是他们为了适应消费者的需求才不得不用"精酿啤酒"这一词来宣传，换句话说，是消费者的水平决定了"精酿啤酒"这一词的流行。很多所谓的各种高大上精酿啤酒都起源于欧洲，对于很多中国人而言还是新鲜事物，绝大部分消费者还没有足够的鉴赏能力，所以就亟须给它们打上标签，从而快速区分出来。没有"精酿啤酒"一词，还会有"精工啤酒""工匠啤酒"这些词。就像在葡萄酒领域，大家就会觉得如果不是干红就是次品一样，但事实上桃红葡萄酒、起泡葡萄酒、贵腐葡萄酒、冰酒都能出来稀世珍品。

　　而在欧洲，一切都不一样，啤酒就是欧洲人从小耳濡目染的东西。我们去超市买泡面会直接说来一碗老坛酸菜、香辣牛肉、小鸡炖蘑菇。欧洲人就做不到这个水准，他们就只会说泡面，然后你问他想吃什么味道的就无从下手。所以，在中国超市看欧洲人买东西，跟在国内看小白挑所谓的精酿

■ 如今的酒吧已经充满了各种各样的啤酒品牌（摄影：李劲康）

啤酒，一样的感觉，本质上是背景文化的缺失。

事实上，这个世界，生活方式不分好坏，人种不分好坏，事业不分好坏，啤酒自然也不分好坏，精酿啤酒与任何啤酒也从来不是对立关系。

拉格在大规模制冷工业技术和微生物技术出现之前，曾经是最为昂贵的啤酒之一，因为酿造实在太难（下发酵、低温发酵、酵母菌株要求高、需要长期低温储存）。在那个年代，应该拉格是"精酿啤酒"吧；如果不是拉格的量产，有多少人根本喝不到原来价位不菲的啤酒？无论是普通啤酒还是所谓的精酿啤酒，本质上只是一种日常消费品，对它的消费能力当然取决于消费者的口袋，而最终取决于一个国家的经济发展水平。

精酿啤酒在美国"适时"的爆发，自然也有经济发展的原因。经济发展的主要动力来自三个因素：制造业出口、投资和消费。美国经济的崛起之路源自 19 世纪末就排名世界第一的强大工业生产能力，使得美国在对外贸易中积累起巨量的财富。两次世界大战和大萧条，使得世界秩序重建，各个国家陷入千疮百孔的境地，有着巨大的基础建设投资需求，此时的美国依靠马歇尔计划和相关政策领导了欧洲、日韩等主要经济圈，本国的旺盛基建也推动美国在 70 年代进入最繁荣的时代。随着投资和出口推动经济发展速度的放缓，消费成为带动经济发展的下一个主要引擎，正是在 20 世纪 80 年代，中产阶级快速崛起，消费者追求品质生活的要求越来高，此时出现众多小众酒厂，精准定位于消费能力较强的中产阶层，不断创造出各种新品满足消费者的需求，也就不足为怪。也不妨大胆预测，在基建投资和出口已经非常饱和的发达国家，消费主义将会持续成为社会主流。而作为这个主流中标志性的精酿啤酒，这个行业的增长势头还会持续下去。

因此要记住，无论如何，精酿啤酒毕竟只是啤酒而已，随着经济的发展和酒鬼们消费水平的提高，它们也终将回归到啤酒本身的价值。

无外乎一个字：喝。

CHAPTER 9

中国啤酒：起步且珍惜

　　拥有 5000 年文明史的中国，是世界四大文明里唯一从未间断的农业文明。早在三皇五帝时期，我们便已成功驯化了五谷——稻（大米）、黍（黍米）、稷（小米）、麦（小麦）、菽（大豆），自然也有了酿酒的农业基础。

　　啤酒在中国，虽然历史上曾出现过，却很快消失，千年后才从国外传入。总体上我们还是新手，但目前来看，你永远不知道我们会有多大的爆发力。

按惯例，谈一谈自古以来

距今有 9000 年历史的贾湖地区遗址，出土了有麦芽发酵痕迹的陶罐等酿酒用品，与中亚地区的最早发现遥相呼应。不过中国的酒类略微不同，根据张居中研究员的研究结论（发表在《美国科学院杂志》），配方中可能使用了本地生长的稻谷提供糖分，还出现了其他糖类来源，包括野生葡萄、蜂蜜、酸果等成分，发酵的酵母自然是当地自然环境下存在的野生菌株。

笔者和无数的现代人一样，都无法跨越千年觊觎这古酒之美味。不过可以想象一个场景：是年秋季农业获得了大丰收，稻谷粮食堆满仓，贾湖当地的部落决定举行盛大的庆祝仪式。女人们把剩余的一部分谷物放到陶罐中，男人们花大力气尽力捣碎，然后投入刚刚采摘而来的李子、桃子果肉，倒入刚采回来的泉水，再扔进去一些山楂果调出一些酸味来。发酵两三天，谷物香味和水果酸味弥漫四周，还得时刻小心密封提防蚊虫飞进。到了庆祝之时，撇去浮沫，倒出中间部分，剩下的渣子扔给家禽牲畜作为饲料。虽然这碗酒看起来浑浊不堪、野菌发酵而来的马厩味也很明显，但对古人而言已经是完美无比的饮品，自然是配以三牲六畜进行盛大祭祀的佳品。风波诡谲的天、广袤无比的地、保佑众生的神灵、筚路蓝缕的先祖，都是需要祭祀的对象，部落全员顶礼膜拜，长跪不起。礼毕后你我大快朵颐，举碗相庆，一饮而尽后也别管那酒液中悬浊物带来的"沙口"，且等酒精给身体带来的放松吧！好不痛快！

这一晃便是千年。

如果让笔者按照今天的啤酒分类标准来看，按现有的分类很难抉择。毫无疑问这款酒类会带有鲜明的赛松或兰比克风格，浆果也会带来截然不同的风味。但这酒完全没有啤酒花的调味作用，喝起来更像是一款口味复杂的西打（Cider）融合兰比克风格的酒类，为保险起见还是把它叫作增味啤酒好了，毕竟读到本书这个部分，相信读者已经对任何一种啤

■ 狗鲨头酒厂推出的贾湖啤酒（图片来源：狗鲨头酒厂官方啤酒标签）

第九章　中国啤酒：起步且珍惜

酒增味都不再觉得奇怪。

　　美国酒厂狗鲨头（Dogfish Head）曾经借势研发出一种贾湖啤酒配方并推出上市，还给它命名了一个酷炫的新啤酒风格：远古艾尔（Ancient Ale）。配方中出现了蜂蜜、山楂和葡萄汁，比较符合当时气候和地理环境下应有的条件，不过很遗憾，笔者并没有尝试过这款啤酒。从各种酒评来看，这是一款浅铜色、带有中等水果甜味、略微浑浊的啤酒，风格独特值得一试。

　　中国也有啤酒爱好者尽最大可能复现了中国版本的贾湖啤酒，高岩是《喝自己酿的啤酒》一书作者，也曾经众筹过复现贾湖啤酒的项目，从烧制传统的陶器开始，设计配方并提取自然环境下的野菌，力争按照古法酿造。笔者有幸喝过一次：在明显的啤酒谷物味之外，也能喝到淡淡的葡萄味、

■ 中国人复现的贾湖啤酒（摄影：高岩）

类似桑葚莓果的浆果味和蜂蜜味，还有一定的酵母菌之外菌种带来的轻微野菌味，喝起来微甜收口，总体上比较易饮。不过无论国内外的两款啤酒怎样尝试复制，显然都无法真实复现，原先时代的酿酒水准跟今日相比肯定无法同日而语，千年进化后酵母和野菌们也早已"今月曾经照古人，古人今人若流水"。

往事越千年，从现代人对古人古酒的向往之中，也能看到中国酒文化的悠久历史，深入今人心。

关于中国古代啤酒的研究不止于此，根据 2016 年斯坦福大学中国博士王佳静的确切考古成果（同样发表在《美国科学院杂志》），在文章中她描述了陕西米家崖文化中啤酒发酵痕迹：在大约 5400 年前的陶罐表面，考古学家们检测出了清晰的大麦和其他谷物发酵的痕迹，尤其是大麦淀粉粒残留的存在，也符合他们复现实验中淀粉粒在酿酒过程中损伤形态的记录。从谷物类型上讲这是非常明确的古代中国啤酒发酵记录，坐实了古老的农业中国是啤酒的发源地之一。

然而后来的历史上我国古代大麦没有获得在欧洲这么高的地位，种植面积并不广泛。中国古代各个关于植物的古书中通常围绕传统的五谷——稻黍稷麦菽，关于大麦的介绍并不多。更重要的是，在农业发达的时代我国逐渐形成了五谷配合酒曲的独特酿酒方式。蒸熟的谷物在酒曲这个"菌类炸弹"的作用下，大量微生物集体协作将出糖、发酵等核心步骤一气呵成。这过程中对根霉和曲霉等霉菌类的利用独具中国特色，但显然大不同于啤酒和葡萄酒的酿造，因而世界三大古酒（啤酒、葡萄酒、黄酒）中国占据一方。这些酒的酒精度数也普遍偏高，可以达到 14 ～ 22 度，大大超过啤酒（3 ～ 10 度）。可以想象，如果当年武松喝的是啤酒，恐怕要喝上 88 碗还不妨碍过一次景阳冈，但打虎之路估计也要变成到处如厕之旅，哈哈。

因而，古代我国的酒类多数都对标于今天的黄酒类型，纯大米（南方后来流行）和单一高粱酿造而来的酒类并不算多，大麦独立酿造而来的酒类更是稀有。倒是苦寒地区的西藏，与世隔绝，高原高寒的气候反而孕育了独特的青稞，这也是一种大麦作物，当地人苦中作乐研究出来的青稞酒成为不亚于酥油茶和糌粑的存在。不过青稞酒的酿造核心依然是酒曲，度数也偏高，还是不同于啤酒。

以上原因之外，还有很重要的一条，中国并没有主动种植和利用过在美洲和欧洲很常见的啤酒花，而啤酒花是近 1000 年来添加进啤酒内的最重要成分，这也是一个重大标志。

这种黄酒酿造方式始于北方而随着历史变迁转移到了农业后来居上的南方鱼米之乡。在元朝开始后蒸馏酒慢慢在北方流行起来，这种酒喝起来更烈更易醉，大碗喝酒大口吃肉的时代已然发生了改变，"一曲新词酒一杯，去年天气旧亭台，夕阳西下几时回"在北方变得正常，再像李白那样"烹羊宰牛且为乐，会须一饮三百杯"怕不是要进医院（馆）了。而在南方，黄酒则牢牢占据垄断地位，大家兴起之余，左手女儿红右手状元红，还是能喝出个酣畅淋漓、双鬓染晕！中国北白南黄的酒类格局就这么拉开。

一杯浊酒喜相逢，这种北白南黄的格局统治了后来的中国酒桌文化，乔迁新居、加官进爵、婚丧嫁娶都需要酒类助兴。即便现代啤酒在 19 世纪随着西方人的坚船利炮重新进入中国，但面对这两种酒类的坚实阵地显然无力招架，啤酒慢慢被打入了最平民消费的境遇，上不了厅堂，也进不了厨房，即便厨房中做菜用的也是黄酒。笔者在上一代人酒桌上经常见到的情景是：白酒喝高了歇一歇，来点啤酒冲一冲缓一缓。从本书第一章的内容中，想必读者也已经有所印象。

可以说，我国既是一个历史悠久的啤酒大国（起步早），也不是一个历史悠久的啤酒大国（中间断了，近代才重来）。

中国工业啤酒成长简史

近代的中国啤酒工业是西方人在用坚船利炮敲开中国大门后的产物。1900 年，哈尔滨啤酒前身乌卢布列夫斯基啤酒厂建立；1903 年，英德合资的青岛啤酒前身英德酿酒有限公司建立，它们更像是一种"舶来品"。从此开始，以这两个啤酒厂为代表的拉格啤酒厂，正式在中国落地生根，但它们主要生产的是淡色拉格啤酒，符合当时世界啤酒类型发展状态：工业化狂飙突进，拉格啤酒蔓延全球。

1900—1949 年，中国啤酒工业进入萌芽阶段。一些民营酒厂开始出现，但由于酿酒设备、原料、技术等完全依靠进口且民众对啤酒认识极其稀少，总体市场非常小众。1949 年，全国只有区区 7000 吨左右的产量，少得可怜，甚至比不过今天的一个地区小型酒厂。比起外资酒厂，中国本土酒厂可谓相当惨淡。

1949—1978 年，中国啤酒工业进入成熟期。常年的积累加上社会主义改造运动，政府逐步实现了啤酒产业的国产化，啤酒行业人才逐步积累，成为行业爆发的关键因素。但在当时严格的计划经济体制下，喂饱中国人的主食（稻麦薯等）当然为先，副食品（禽蛋肉食等）和饮料的配给非常有限，啤酒的产量也迟迟无法跟进。回望英国啤酒发展轨迹也能发现这个逻辑：当英国经过了与欧洲大陆连年战争之后，啤酒度数在不断降低，甚至过度烘烤大麦都是禁止的。原因无他：节省粮食、经济不够强盛。

1978 至今，改革开放后，国家以经济建设为中心，改善人民的生活水平，普通商品不再是被管制和计划生产规定的对象，商品经济社会到来。在政府政策扶植和资金支持下，各地的啤酒厂犹如雨后春笋般迅速建立起来，但此时依然带有明显的国有经济痕迹，这些酒厂大多是省域、市域、县域内政府企业。一个典型特征是命名，多以城市、当地河流、名山大川作为品牌名称，如珠江啤酒（1985，广州）、燕京啤酒（1980，北京）、乌苏啤酒（1980，乌苏）。

彼时各省市地方政府的行政权力很大，商品和酒厂事关税收自然有明显的"贸易保护主义"，因而省市之间贸易并不顺畅，本地人几乎很少见到外省市的香烟、啤酒等产品。这种趋势一直延续到了 20 世纪末：笔者出生在 20 世纪 80 年代，到了 90 年代末才开始零星见到其他省市的啤酒、香烟、盐之类商品，特作为例证。这也有点类似历史上德国的境地，各州啤酒并不能有效流通，各自为战、风格迥异，甚至不惜颁布法律（如巴伐利亚州著名的《啤酒纯净法》）控制行业和对外贸易。

但毫无疑问，彼时不是任一家酒厂都有能力达到青岛、哈尔滨、燕京、珠江这几家的技术水平，这几家酒厂所在城市在 20 世纪都是经济最发达的区域，消费能力旺盛、政府财政充盈且支持力度大，企业技术进步和领先程度自然远超其他酒厂。

随着改革开放的持续进行，各省市之间的"贸易壁垒"被打破，这些优秀酒厂渠道下沉、扩散，侵蚀周边市场。进入资本开放时代之后，甚至外资开始进入中国啤酒行业，酒厂积累的资本、技术和人才优势被极速放大，它们的触角开始延伸到遥远的其他省份，大规模酒厂兼并开始，各大品牌出现在各地超市。但这些"青岛""燕京""雪花"等一般是本地酒厂被收购后基于原生产线生产的啤酒，贴上母公司的牌子。由于水质、原料、生产线设备不同，当地生产的啤酒不可能质量等同于母厂生产的啤酒。对于稍微讲究点的人

而言，还是能感受到一些细微的味觉区别，你去问青岛人应该会更加明显，他们的态度往往如此：喝酒还是得找登州路上那几个老厂产出来的。

不过对于"哥，这瓶我先干了！"的父辈而言，这又有谁在意呢？只是觥筹交错间，一些身边的品牌悄然消失，成为本地成长的一代人在一起聊天时"暴露年龄"的证据罢了。工业化的时代，不必往事越千年，一转头就已今非昔比。

改革开放后，中国人相比之前富了很多，旺盛的市场需求被彻底激发起来，中国成为世界上最大的啤酒市场。2015年，中国是世界上最大的啤酒生产和消费国，生产出占全球产量近四分之一的啤酒，是第二名的美国两倍还多。

在这个过程中，工业量产的拉格啤酒在中国绝对垄断就成为必然。由于饮酒文化的不同，现代啤酒作为"舶来品"，初来乍到时便是拉格啤酒纵横全球的时候。国有化时期促进了啤酒的工业大发展，再加上国有计划经济的强力推动，进一步导致中国绝大部分啤酒都是大型企业生产的情况。

但中国毕竟还是一个发展中国家，人均收入比起国外还有较大差距。由于人民消费能力有限，很多年来，我们只能消费得起各种廉价的大众拉格啤酒，大众对啤酒的印象和鉴赏能力从此被限制，国内并没有酿造比利时、英伦地区小产量艾尔啤酒的消费环境。为了迎合消费者对低价和淡口味的需求，国产啤酒普遍度数很低、口味较淡。在金融和商业极度发达的今天，资本运作使垄断进一步加强，大型酒厂依然掌握了绝对话语权，这个趋势在目前来看很难被改变。

中国精酿时代要来了？

中国改革开放几十年来，取得了巨大的经济和社会发展成果，人民的消费能力和精神文化层次越来越高。

2016 年是世界范围内精酿啤酒运动火热进行的一年（关于笔者对精酿啤酒的个人看法，请参考美国啤酒那一章，这里笔者使用这个词汇指代一些不同于工业量产拉格的高附加值、高消费啤酒），美国是这个运动的领头羊。恰逢我国中产阶层快速崛起，且此前我国啤酒文化中对于精酿啤酒几乎是张白纸，这使得消费者起步便迅速紧跟这股浪潮，几乎没有大的阻力。

反倒是在欧洲，以英美风格为主的啤酒还是很难冲进当地的酒吧和啤酒店，道理笔者不再多做解释，大可以联想下我国著名的豆腐脑甜咸之争、过年饺子汤圆之争、吃火锅麻酱香油之争，无外乎四字而已：先入为主。

中国消费了世界近25%的啤酒，从统计数据来看，目前进口啤酒的销量仅仅是中国年度啤酒销量的1%水平，比起美国趋近15%的比例还有巨大的增长空间。无论是总量还是未来增长潜力，高速增长的中国精酿啤酒前景及"钱景"都非常大。

根据中国酒业协会的统计报告，我国仅2016年1—9月的进口啤酒量就已经接近2015年全年统计数据，夏季到来和欧洲杯的影响直接导致上半年进口同比增长46%，形势大大好于国内各个大型酒厂产销量。同期，中国总体啤酒产量却下降了3.6%。对比之下，以精酿啤酒为代表的进口啤酒增长势头着实可喜，本土精酿品牌的增长也绝不逊于进口品牌。

新晋的精酿啤酒领域成为资本的价值洼地，无数小众的

■ 夜晚忙碌的酒吧中人声鼎沸，中国人和旅居中国的外国人济济一堂（摄影：牛啤堂）

啤酒品牌建立起来，在资本的帮助下精酿啤酒快速地发展并正在抢占这个未来世界第一大的啤酒市场。中国人对社交的需求一直很高，读者们把饭局上的巨额花费稍微流一些到啤酒上，都足以支撑起一个庞大的市场。现在笔者跟朋友见面，一般都会约在酒吧，比吃饭便宜，聊天效果也好很多。

随着年轻一代消费群体的崛起，精酿啤酒的改变还会加速。如今，走在大城市的大街小巷，随处可见瓶子店（售卖瓶装啤酒的店面）、酒馆（自酿啤酒）。对于不少年轻人而言，喝上一杯新鲜的啤酒，已经成为一种最时尚的追求。

最值得欣慰的变化是年轻人的理念已经在逐步转变，啤酒酒吧也逐渐从夜店消费风和昂贵的附加值中慢慢脱离出来，大家更多地把注意力集中到啤酒本身。讨论啤酒和它背后的故事更多地成为聚会聊天的主题，啤酒脱离酒精饮品之外的社交属性被越来越多地开发出来。

更多爱好者也开始聚在一起探讨啤酒的酿造、品评，笔者长期跟踪的北京自酿啤酒协会，成立 6 年来已经从十余人扩张到了近 2000 人的规模，这速度可谓疯狂！笔者也在努力推动业余爱好者品评啤酒"专业化"，例如参加啤酒品评师／家酿裁判考试（非营利），也多次担任考官，看到的也是参与考试报名人数在稳定增长。而全国的大规模家酿啤酒比赛和论坛，也正处在蓬勃发展的阶段。

这一切还在继续，消费者是啤酒行业真正的"上帝"，在可以预见的未来，他们为这个行业激发出的潜力是惊人的。

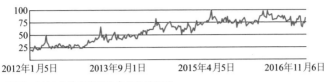

■ 2012—2016年精酿啤酒搜索指数增长图

然而，从全局看来，中国精酿啤酒市场虽然表面上正在如火如荼地发展，实质上却依然是起步阶段。几个起步品牌由于市场和资本的青睐在快速成长，但更多的小品牌依然大量存在质量把控不严、销售途径有限以及不规范竞争中，而且，它们由于质量认证规则和国家规定的产量规模要求很难进一步成长，大都采取前店后厂、代工生产的方式生存。

另一方面，人才的缺失依然是一个重大挑战。一个良好的啤酒市场，不仅需要资本和创业者的投入，还需要大量的酿酒师、侍酒师/酒保、品酒师储备，否则大型资本也处在"巧妇难为无米之炊"的状态。目前，大量的品牌依然为争取传统大厂拉格消费者们而集中于酿造清淡爽口风格的啤酒，同质化竞争的情况下营销手段成为各个品牌最核心的考量，而非提高酒的质量和风格多样性本身，这背后的掣肘就是优秀人才的缺失，创新动力不足。

随着行业的快速发展，国内目前也有了很多如北京自酿啤酒协会的民间小社群，但各地区的组织水平和形式不尽相同，基本处于各自为战状态，统一程度和效率比较低。而观察国外的先驱，啤酒品酒师认证组织（BJCP）、酿酒师协会、家酿爱好者协会等非营利组织对美国精酿的发展，起到了巨大的推动作用。英国的真艾尔运动、比利时的精酿联盟、荷兰的家酿爱好者协会都对本国啤酒行业的发展贡献颇大。不过这也是一个长期的过程，各个协会之间的团结协作和互相配合，也是推动行业持续健康发展的重要因素。

与此同时，国内的传统啤酒生产厂商也嗅到了精酿啤酒的重大商机，利用它们的资本、技术、政策法规与研发优势开始大跨步踏入这个旭日东升的快车道。正所谓"尾大不掉"，大厂的转型之路并没有想象中那么顺利。但不可否认的是，它们在努力转型，利用自身优势抢占这个市场。既是机遇：它们对精酿啤酒的推广效率将会远高于其他方式，提升这个市场容量；也是挑战：它们势必会挤压小型商酿酒厂的生存空间，也可以轻易逐出"精酿"酒厂的劣币，如果没有足够的特色和高超的酿酒水平，小型酿酒厂根本无力与大厂竞争。

■ 现在的中国啤酒业，也在面临着一波又一波的海外啤酒品牌冲击（摄影：刘昆）

不存在最好的时代，也自然不存在最坏的时代。在这样一个精酿啤酒的消费理念与价值认同被树立的今天，中国啤酒坐拥世界最大的啤酒市场，带来的财富效应和啤酒品牌的成长空间可能是空前的。现在依然是中国精酿啤酒的起步期，也是黄金发展期。借助高利润和快速占领的未来蓝海市场，几个现有的品牌未来一定会赚得盆满钵满。随后等窗口期慢慢关上，就没有那么大空间，大家如果喜欢啤酒而计划创业，可要抓紧了。

　　不过，请在脑海中留下一句话：最重要的，是啤酒本身。

第十章

自己酿点好喝的

　　不知道读者们看过这么多啤酒风格种类，是不是已然感觉到啤酒变化维度的不可思议？

　　实际上这么多的啤酒分类，最早也仅是历史上无数酿酒师因地制宜、自由发挥的结果而已。当地的原料碰撞上酿酒师的脑洞，一瓶风格特立独行的啤酒便应运而生，但这并不意味着成功，只是拿到了竞争的入场券。在经过若干年的消费者选择后，总有一款啤酒能够历久弥新、屹立不倒，成为本地啤酒风格的代表，比如德国的各座城市基本都有它特色风格的啤酒。而更为成功的，则像皮尔森一样垄断了绝大部分酒鬼的味觉，最终席卷了全球。

　　你要不要也动手试一试？做一款可能成为经典的啤酒！

■ 笔者曾与酒友一起酿造的一款红茶口味啤酒，有没有撩到你？（摄影：Shirley 鱼）

　　不是每个酿酒师的啤酒都能成为最流行的一款，但毫无疑问的是，最流行啤酒的背后，一定站着一个为了成功而不懈努力的酿酒师。在这一章节中，不如跟随笔者的自酿啤酒探索之旅，用简单常见的厨房设备，酿出一批啤酒。谁知道这是不是一个酿酒师的起步？

　　不过笔者有必要先来一句免责声明：以下仅是笔者在厨房中用锅碗瓢盆自酿啤酒（约 30 次）的个人经验，并不能代表最专业酿酒人士的大批量乃至工业级生产水平，就当图个乐子吧。

设计配方

配方是一款啤酒绝对的灵魂所在，就好比很多美食小店的秘诀往往是那个绝密的调料包，成功的商业如可口可乐也以密不示人的配方取得了巨大的成功。笔者没有能力教你成功，不过教你设计一个简单的啤酒配方还是可以的。

第一步：选择啤酒风格和核心参数

中国人讲究有的放矢、对症下药，在酿造啤酒之前，想好自己的目标自然是最重要的事情。如果读者在此前已经喝过很多种类的啤酒，并对其中一种情有独钟，一定有尝试亲自酿造它的冲动。不过也建议大家认真考虑一下技术难度，毕竟兰比克、柏林小麦、过桶帝国世涛这类啤酒不是那么轻易就能家酿的，不妨考虑先来一碟小菜练练手，如印度淡色艾尔、比利时金色艾尔、英式波特等风格，它们往往突出四大原料中一个明显的维度，这三个例子分别对应酒花特色、酵母特色和麦芽特色，在确保特色能够凸显后，再保证没有卫生问题，即可酿造成功，总体而言容易起步，能够让新手酿酒师继续维系自己的兴趣，无疑是更优的选择。

找到自己钟爱的风格后就要定下底座：最核心的数据。正如描述人需要用身高、体重、肤色、三围一样，啤酒也需要一些客观的数据描述，使得其他酿酒师在看到这些数据后能大致知道啤酒的风格。总体上，啤酒的核心数据有 5 类，为帮助大家理解，笔者会用比较浅显易懂的语言进行描述，同时以两种反差比较大的啤酒为例进行说明。

初始比重（OG，Original Gravity）

未发酵酒液相对水的比重，描述了麦汁中可发酵糖分（占绝大部分，直接说明了麦芽的总用量）、不可发酵物（例如乳糖、糊精、蛋白质等）的总含量，一般用比重计（在纯净水中读数为 1.000）通过量筒测量，数据越大说明酒液越浓稠，说明用来发酵的糖分和添加物越多、度数可能更高，口味也会越重。直接的读数往往是 1.×××，有时也常用"柏拉图浓度"衡量（Fritz Plato，对啤酒研究做出巨大贡献的德国化学家，1858—1938），简化的计算就是小数点位除以 0.004 即可，例如 1.040 比重对应 10 柏拉图浓度，或者缩写为 10° P。

这是一个仅描述啤酒配方中原料用量的指标，与酒精度并无完全决定的关系，毕竟还要看最终发酵完还剩下多少原料（最终比重）。但商家经常喜欢宣传柏拉图浓度，如某酒 9 度，可这并不是说酒精度为 9 度，真实的酒精度连 3 度都不到。

举例说明的话，一款帝国世涛的初始比重往往高达 1.075 ～ 1.115，而美式淡拉格（"大绿棒子"的基本类型）这类则低至 1.028 ～ 1.040，相差悬殊。

最终比重（FG，Final Gravity）

经过发酵后酒液比重。此时已经近乎成品啤酒，麦汁中绝大部分可发酵糖分已被发酵，但部分不可发酵成分依然残留，此时还拥有大量酵母和它们的发酵代谢产物，例如酒精、酯类、酚类等特色风味物质。

显然，最终比重与初始比重的差距之间对应了有多少糖分被发酵，抑或是发酵产生了多少酒精，它们的对应关系可以简化为 131.25*（OG-FG），例如一款 OG 为 1.040 的拉格到最后发酵到 FG 为 1.006，酒精度大概是 131.25×（1.040-1.006）=4.5。不过工业生产中，还存在高浓度发酵（酒精发酵度数超过 10 度）再稀释的步骤，计算并不能遵循这个公式。且这个公式只是简单适用于低度啤酒的大致估算，对于高度啤酒（7.5 酒精度以上）误差会增大。

举例说明的话，帝国世涛的最终比重依然会高达 1.018 ～ 1.030，甚至超过美式淡拉格的初始比重，这说明帝国世涛中会残留大量的不可发酵糖分、酵母代谢产物等，也正是这些残留带给了啤酒如此丰富的味觉维度。而美式淡拉格则只有 0.998 ～ 1.008，从数据上看的确非常接近"水啤"了，但这是应当的，说明这款拉格发酵极为彻底且酵母和代谢产物清理得很干净（不过这里笔者也留个初中物理思考题：为什么比重还能低于 1 呢？）。从这里也可以看出，不同啤酒的特色从数据来看已经初现端倪。

苦度（IBU，International Bitterness Units）

苦度是在啤酒花成为啤酒重要原料后一个可以量化的指标。前文已经讲过，啤酒花中的阿尔法酸会在加热熬煮时异构化进而形成苦味，那么每升啤酒中含有 N 毫克的异构阿尔法酸就定义为 IBU 苦度为 N，这是一个主要由啤酒花决定的指标。

不同品种的啤酒花中阿尔法酸含量自然是一个标准指标，酿酒师在购买时很容易知晓，例如经典的捷克萨兹酒花阿尔法酸含量为 3% ～ 6%，美国奇努克酒花含量则高达 12% ～ 14%。不过需要说明的是，酒花只有煮过才会增加苦度，且酒花本身也有香味，随着煮沸，香味的精油反而会挥发。因而啤酒花的使用是门艺术，尤其是印度淡色艾尔，往往是煮沸阶段多次分布添加（有层次的苦度和香味），还要加上干投（净增香味），期间乐趣和经验妙不可言。不过关于苦度的计算十分复杂，本文不作赘述，下文会告知原因：只能全靠软件了。

举例说明，一些美式重口味印度淡色艾尔（双料、帝国等）苦度可以轻易高达 100 IBU，而突出酸味的兰比克却低至个位数甚至为 0，有着巨大的差别！

色度（SRM，Standard Reference Method）

前文已经做过介绍，啤酒的颜色主要来自轻烤和烘烤麦芽的比例和一些带颜色的添加物。举例来说，德式黑啤和波罗的海世涛色度可以高达 30 ～ 40，得名黑啤；而比利时小麦啤仅有 2 ～ 4，这是它经常被叫作白啤的原因。

酒精度（ABV，Alcohol By Volume）

普通人最关心的啤酒指标，不过需要说明的是，酒精度通常是指酒精的体积占比，并非质量占比。在美国禁酒较为严格的时期，酿酒师们也采取过质量比的方式，这样数据看起来小一些（酒精密度低于水），更容易逃过监管或少交税，而酒鬼们依然买账，何乐而不为？

这部分数据研究比较枯燥，笔者在此及时停笔吧，尤其是各种公式计算比重、苦度、酒精度等。并非笔者有意逃避，而是现在毕竟 21 世纪了，有现代化的计算机和手机软件为酿酒师服务，何必自己演算呢？目前比较成熟的 Beersmith、Brewersfriend 都有软件或网页版本，正逐步推出汉化版本，且无论你选择哪一款配方，都会有大量类似配方作为参照比对。作为普通酒友，还是享受酿酒过程的快乐更加重要。读者们只需输入自己的想法，软件自然会为你计算完毕，剩下的就是你无敌的脑洞。

第二步：选择基本原料

在决定好啤酒的大致类型之后，就需要准备啤酒的"骨架"，啤酒的四种最基本原料分别是麦芽、啤酒花、酵母和水，它们的自由组合也直接决定了啤酒在数据之外的丰满程度。

麦芽

麦芽是啤酒配方的重中之重，是酒精和酵母风味的最主要来源。其中，基础麦芽要占据绝大部分，它们是可发酵糖分的主要提供者，通常而言需要选用皮尔森麦芽、美式 / 澳洲 / 德国 / 比利时 / 英国 / 中国 / 新西兰 / 芬兰淡色麦芽等，普遍占据麦芽配方中 **90%** 左右的重量。对于家酿或许存在洗槽不便的问题，选取一部分厂家提供的麦芽提取糖分（液态或粉末状均有，主要为麦芽糖）亦可取代，笔者在自酿 20 升的批次时，往往选择一半的糖分来自成包的提取物，一半由全麦出糖而来，大大降低出糖和洗槽工作量；而在 10 升的批次则可以全麦酿造。

如果读者希望增加啤酒的味道层次，也可以增加一些水晶 / 焦香 / 饼干麦芽，以慕尼黑 / 维也纳 / 比利时 / 英国产麦芽为优，它们都会普遍带上罗维朋色度指标 L，数字越大颜色越深，意味着不可发酵糖分含量越高，喝起来口感更饱满，更易发甜。而如果增加更深色的巧克力 / 咖啡麦芽，甚至纯黑的黑色专利麦芽，则是酿造波特和世涛的必备。不过笔者想提醒各位：即便是对于波特和世涛，黑色麦芽仅是用来提风味，不能占据主要部分，建议用量绝不超过总麦芽的10%，否则极容易有黑色糠皮带来的过酸过涩，影响啤酒整体的平衡。

啤酒花

啤酒花是现代淡色啤酒尤其印度淡色艾尔的灵魂所在，现代农业的进步也催生了数百种啤酒花，目前以捷克、德国、英国、美国、澳洲 / 新西兰风格为主导，具体的内容已在前文细述。在准备配方阶段，家酿爱好者需要着重考虑的指标（从供应商产品手册上可以读到）主要有两个：苦味来源和香味来源。

其一，苦味来源。阿尔法酸 (％) 和贝塔酸 (％, 次要地位,但更容易氧化为令人不悦的味道，建议数值尽量小）含量，决定了啤酒花煮沸后带给啤酒的苦度，越煮便会越苦，但常温浸泡并不带来苦味；

其二，香味来源。酒花精油是相对苦味的香味核心指标，包含丰富的成分且每种成分风格不同，主要分为碳氢化合物、含硫化合物和含氧化合物三大家族，每个家族又包含很多，如含氧化合物就有很多烯醇醛酮酯类。不过本书不想把爱好者们困于中学化学的知识中进而放弃酿酒，其实关于精油的描述，一般厂家都会在包装上有非常形象的词汇，如葡萄柚、西瓜、柑橘属、热带水果、核果、香料、泥土、松脂等风味描述，大家只需要根据这些词汇选择即可，没必要纠结于拗口的名字乃至复杂的分子结构式。

酒花的使用方式通常有三类：整花、颗粒（碾碎压缩而来）和浸膏（液态二氧化碳或有机物萃取而来）。三种方式对酒花中有效成分的使用比例逐渐提高，浸膏基本只有工业生产才会大量使用，且在家酿中很难进行回旋沉淀工艺，建议采用整花为最优，像炖肉一般隔离香料即可，颗粒需要极细的滤网处理，否则容易导致酒花残余进入酒液，进而导致将来的氧化产生异味。

酵母

此前不少酒厂靠独门的酵母菌株造就了自己的商业帝国，但工业化进展到今天，发酵食品工业的能力今非昔比，对于家酿爱好者而言，在市场上可以轻松买到各种类型的酵母。

很多生产商会在包装上写明能够适用于哪些类型啤酒的发酵，爱好者们只需对着配方选用酵母即可，包装上也会说明发酵的适宜温度（例如艾尔和拉格的巨大区别）、如何活化保管等。不过这里需要说明的是，家酿爱好者不必每次都重新购买酵母，酵母比想象中坚强，在酿酒结束后可以收集酒桶底部的酵母到洁净的卫生罐中，在冰箱放置一晚后会形成自然分层，上部的酒液喝掉，底部沉淀弃掉，中层乳白酵母群保存。以笔者的经验，在每2周酿造一次情况下，一波酵母足以支持连续三次的酿造，大大节省了成本。在重复使用时，需要提前从冰箱中取出，加入一些糖分或出糖酒液待酵母们重新"苏醒"过来。

水

对于家酿爱好者而言，水质的处理无疑是个技术难度偏高的事情，很多离子的水质监测数据并不容易获得，因而笔者并不操心这个问题，更何况家酿爱好者普遍会图新鲜选择加一些淡色麦芽之外的其他麦芽，水质的因素在某种程度被"隐藏"起来，正如英伦地区的古代酿酒师们一样。

不过在酿造拉格类啤酒时，水质中钙镁离子、硫酸根、碳酸氢根等要尽量减少，参考前文水质部分的介绍。考虑到家酿拉格难度很高，还要人造低温发酵环境、增加双乙酰休止步骤，大大复杂于艾尔啤酒，因而成本急剧升高，在这种情况下，不妨购买一些市场上的瓶装纯净水替代自来水，也可满足要求。

第三步：辅料和添加物

勇于尝试探索是所有门类学习中最好的方式，酿酒也不例外。读者在前文的介绍中想必已经眼花缭乱于添加物带来的各种啤酒新维度。本书并不想通过罗列添加物的方式限制读者酿酒的想象力，只是为大家简单介绍一下如何在各个环节正确使用添加物（家酿）。各个环节的细节会在本文以下章节详细介绍。

出糖环节：此时主要从大麦中提取糖分和不可发酵物质，小麦、燕麦、玉米、黑麦等成分也要共同出糖，因为它们中缺乏大麦中常见的淀粉分解酶。但需要注意，它们需要预先被碾碎后糊化，让长链淀粉在温热的水中（50℃左右）溶胀崩溃，形成半透明半胶状的黏稠糊状物，再加入糖化锅中共同出糖。

熬煮环节：此过程会有 1 小时的煮沸时间，需要通过加热融入的味道需要在此过程加入，例如比利时啤酒常见的芫荽籽、苦橘皮，各种香料、深色果脯和香草也可以此时加入。

酒花回流器：这是近年来比较流行的处理方式，在熬煮完的酒液过滤后、冷却前需要先经过一个较长的腔道，在这里塞满了酒花，可以有效获得香味从而制作优质的印度淡色艾尔。这个设备也很快用在了其他风味的提取上，例如流经葡萄柚、莓果类（草莓、蔓越莓）、杧果等热带水果的果肉，能大大提升水果香甜味，甚至牡蛎世涛的制作也可以通过流经牡蛎壳的方式。

发酵环节：这是最常规的方式，例如加入乳糖（牛奶世涛）、咖啡提取液/冷萃液（咖啡世涛）、水果鲜果（水果兰比克）、茶叶、植物叶片等。但需要格外注意灭菌消毒。例如，如果使用水果，必须洗干净风干，避免卫生问题带来的酒液污染。对于不含糖分的添加物，可在主发酵最后两天乃至二发（瓶中发酵）环节加入。

第四步：其他细节

细节决定成败，在设计配方时有几个点不能忽略。

● 出糖效率并非100%。家酿设备的糖化乃至多次洗槽无法做到提取出全部糖分，一般在设置软件时将此项设置为65%～70%已经合适，避免软件按照理论值计算导致大幅超出实际能获得的糖分，而实际上酿出的啤酒度数大幅偏低。

● 熬煮会存在蒸发现象。这个看似很简单的道理，却有很多人设计配方时并未考虑到，提前计划好15%～20%的蒸发量亦非常必要，避免后期测量不足再加水充数。

● 严格注意原料类型。由于家酿不可能像工业生产一样有完善的供应链，采购很难实现统一，在使用不同酒花时可能出现整花、颗粒混用，液态提取糖、粉末状提取糖、全麦混用，相同质量的它们效果不同，误操作的后果不容小觑，也需严格符合配方。

● 严格注意单位。克、摄氏度、比重（无量纲）、毫升、分钟、升等单位经常混在一起，而如果爱好者参考美国配方，往往存在大量英制、公制单位的转换问题，笔者举一个例子说明单位的重要性：在任何考试中，不说明单位的结果基本都是要扣分甚至不得分的。

■ 可以最多酿造25升的食品级塑料发酵桶和水封装置

家酿需要的锅碗瓢盆

配方设计完毕,采购原料的环节笔者就不替读者操心了,网络购物发达的时代、大麦、酵母、啤酒花和各种辅料都不难获得，随后就是准备酿酒设备。既然本书是带着大家做家酿，选择设备最核心的原则是一条：简单至上。

直接列表奉上：

1. 锅具和桶类

● 麦芽粉碎后需要装盛用具，至少也要一个锅用以出糖。出糖后需要煮沸，笔者将糖化和煮沸在同一个锅中进行，用到的是一个类似早点铺煮茶叶蛋的20多升的大锅。如果5升级别小批量，用家中汤锅即可，切记务必洗干净，严格避免任何油脂。

● 发酵桶。至少一个，发酵桶必须密封且带有水封装置，可通过观察气泡涌出速度辅助判断发酵进展，专业程度较高，建议购买一个此类食品级的发酵桶。对于酿造发酵彻底、严格滤除酵母风味的啤酒类型，底部为锥形且可以排底型为最佳。

💧 洗槽滤网。麦芽出糖后需要进行洗槽（热水淋洗），最好有滤网隔绝，笔者一般使用锅具自带的蒸屉加纱布。

2.麦芽碾磨装置。最常见的为对辊碾压去皮装置，建议直接购买。

3.麦芽、酒花盛放设备。家酿一个很大的问题在于缺

■ 碾磨装置的核心就是这一对碾压对辊

少过滤和回旋沉淀方式有效去除麦芽糠皮、酒花残留等，笔者采用一种有效的"软隔离方式"：大型细密纱布过滤袋（可装5升以上麦芽和糠皮粉末）、中型细密纱布袋（可装辅料等）和小型细密纱布袋（装几十克啤酒花）相互配合，它们在各个环节能确保与水充分接触，但从水中提起时就直接隔离杂质，剩下的为纯净酒液，性价比极高。

4.降温设备。麦芽熬煮后需要快速降温，可以购买弯制铜管构成的冷却盘管或者板式换热器快速水冷。而对于小型家酿锅具而言，在冰水中浸泡快速降温也是个不错的选择。

5.酒液虹吸装置。啤酒发酵完毕后需要装瓶，可以通过简易虹吸管将酒液转移到啤酒瓶中。

6. 测量装置

💧 测量精度为 1 克的重量计；

💧 量程范围覆盖 0℃～100℃的温度计；

💧 定时器；

💧 量筒；

💧 液体比重计。

7. 卫生清理

💧 刷子、干净抹布等；

💧 强烈建议用酸性有机消毒液清理发酵设备，温水清理后即可倒入酒液，优于氯酚类，化学类消毒液极容易残留影响啤酒味道；

💧 若干件干净的容器，用来活化酵母、装盛酿酒原料等。

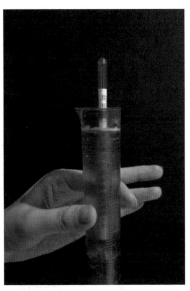

■ 比重计（搭配量筒）是啤酒酿造过程中的核心测量仪器

8.啤酒瓶盖的打盖器。对于有些酒友而言也可以通过购买一些可随手按压密封的摆口瓶避免这个装置。

9.啤酒瓶、瓶盖、商标纸、过滤头、水封、固定夹子等。

以上为最简家酿啤酒设备套装，希望没有吓到你，如果可以接受，那咱们就开酿吧！

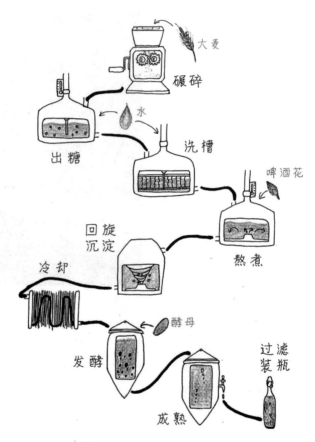

大麦

碾碎

水

出糖

洗槽

啤酒花

回旋
沉淀

熬煮

冷却

酵母

发酵

过滤
装瓶

成熟

■ 家酿啤酒的全部流程（手绘：Feifei）

实战家酿啤酒

有了配方、原料和设备，你就可以跟着笔者走完一趟家酿啤酒之旅。

第一步：麦芽碾碎

大麦的特点是收获的麦仁和糠皮依然连在一起，与小麦的彼此脱离大不相同，所以很难进一步处理大麦作为食物。但这也成了它的优势，天然的糠皮可以作为滤床过滤没有充分溶解的淀粉和多糖。这个碾碎的过程就变得相当重要，既要磨得尽量碎使麦仁充分破裂，又要

■ 糠皮保持大部分完整，淀粉颗粒已经被碾出

保持糠皮尽量完整，如果磨得过碎反而导致过多糠皮中单宁溶解带来涩味，一般采用专业对辊的磨来完成。

第二步：糖化过程

这个过程简言之就是让麦芽里的淀粉和多糖进一步分解成简单的二元糖和单糖，以便于酵母菌直接吃掉。采取的方法一般有两种：多步糖化，对于工业生产，温度控制比较容易，就可以考

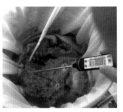

■ 可以先将清水水温烧到72℃左右，投入常温碾磨后的麦芽粉末，温度会降到65℃左右，时刻保持监测

虑不断调整温度（30℃～75℃，缓慢升温），使不同的酶活性逐渐激发，达到最大的生产效率；一步糖化，保持在65℃～68℃，这个温度下很多糖化酶（阿尔法淀粉酶和贝塔淀粉酶）的综合活性性价比最高，比较适合家酿等温度控制起来比较原始的情况。但要注意温度不宜过低（60℃左右），会导致出糖偏少，酒体偏薄，几乎不存在不可发酵糖分（对于拉格倒不是大的缺点）。总出糖时间一般在60～90分钟为宜，其间需要经常搅拌均匀。

第三步：洗槽过程

大麦的糠皮形成了天然的过滤层，洗槽就是把温度较高的热水从糖化后的麦芽残渣中浇过，让糖分进一步溶解渗出，同时使所有酶失去活性，糖转化终止，洗槽水一般在75℃左右，不可温度过高或者碱性过大，避免带出过多糠皮单宁的涩味。

第四步：熬煮麦芽

这个过程的目的主要有三：（1）杀菌消毒；（2）蛋白质和其他残渣熬煮后会逐渐沉淀；（3）最重要的原因，是要在这个过程中加入啤酒花，把里面的阿尔法酸高温煮成异构阿尔法酸，后者是啤酒之所以能成为啤酒的直接原因，它味道比较苦，中和了麦芽汁的甜味，啤酒的味道（苦味）主要来源于此，且还能在常温下起到抑菌作用。这个过程一般持续一个小时，熬煮的时间越长，酒花的香味越淡，苦味越高，需要用心设计，按步骤实现这个过程（依靠软件比较靠谱）。且熬煮时不要密封，需要留有小口让二甲基硫醚等含硫物质散去。

第五步：涡流回旋

这一步对于工业生产非常重要，熬煮麦芽会有一些蛋白质和啤酒花沉淀，而涡流回旋的过程经过机械带动的离心运动，使纯净的酒液与沉淀分离，沉淀便集中于涡流底部容易被滤出，这样就能从靠近桶壁的位置得到纯净的麦芽汁。但家酿时操作难度过大，容器太小无法有效搅拌，可以忽略此步骤。如果家酿一些对酒体清澈度要求比较高的啤酒，如工休低度印度淡色艾尔和拉格啤酒等，也可以在熬煮后期加入一些爱尔兰藻提高沉淀，底部酒液弃用即可。

第六步：冷却降温

麦芽汁自然冷却时间过长会存在以下问题：氧化（温度较高时）、野菌进入（温度较低时）和产生二甲基硫醚等物质，这些因素都会影响啤酒的口味甚至导致发酵失败，所以最好在近乎密闭的情况下让麦汁快速冷却。目前一般采用水冷，用水也可以循环利用，速度越快越好。

■ 煮沸完毕后等待降温的酒液

发酵之前，别忘了测量一下初始

比重。

第七步：活化酵母

酵母并不能直接加入冷却后的酒液中，需要进行活化恢复活力，尤其是针对干酵母粉和家酿收集而来的酵母。干酵母需要在 25℃～30℃的水温中活化约 30 分钟，冰箱中保管的此前家酿收集而来的酵母也需要恢复常温，同时在二者中投入少量糖分（例如少量冷却后的麦芽汁），这个过程可以和冷却降温过程同步进行。

第八步：主发酵过程

这是决定麦芽汁成为啤酒的最核心的一步，无论是拉格酵母还是艾尔酵母，都正式投入发酵罐中。在发酵开始前，需要进行充氧，为酵母前期族群的快速增长阶段提供动力，此时酵母只消耗糖分进行有氧呼吸不断增殖，但尚未启动发酵。充氧并不复杂，对于家酿而言只需用搅拌棒通过搅拌动作带入一定空气即可。

氧气消耗殆尽后，酵母便开始进入无氧呼吸阶段，产生酒精和二氧化碳，过多的二氧化碳不是此时希望的代谢产物，所以一般会排放出去。酵母的新陈代谢会有大量的产物，更新换代也会出

■ 笔者酿造的一款牛奶世涛，初始比重在 1.060 左右，计划发酵成 5 度左右的酒精度

现大量死去的酵母，因而会有发酵醪（尤其对于艾尔酵母漂浮于液面）产生，底部还会产生酵母泥。这个步骤一般持续7～10天，无须考虑过长发酵，否则死去酵母便会出现自溶现象，进而影响酒的味道。

第九步：过滤和二次发酵

通过过滤除去发酵醪、酵母泥等代谢产物，便可得到纯净的啤酒液体，在家酿中，可以选择在虹吸管一端增加致密纱布做的简易滤网来完成过滤。但此时的啤酒完全没有二氧化碳，还不能叫作啤酒。因而实际生产中一般的啤酒都会经历二次发酵过程，也可以理解为啤酒已经基本成熟，储藏在罐子里，这个过程对于口味丰富的诸如波特、大麦烈酒、世涛等啤酒至关重要，它们往往需要转桶一个月乃至更长才能进入装瓶阶段。

酵母味对于有些啤酒是个灾难，需要尽力避免，例如低度的印度淡色艾尔，笔者曾尝试过首次发酵后5天左右进行转桶二次发酵，在第二个桶中完成干投酒花等操作，效果更好一些。不过对于普通家酿啤酒而言，二次发酵也可以跳过，避免染菌也是重要的原因。

对于锥形底部发酵桶而言，这一切简单很多，发酵期间酵母集中于锥形底部，开阀门放出酵母泥即可，操作效率高很多。

第十步：装瓶发酵

在发酵桶中的酒液都几乎不含二氧化碳，显然需要补充，在家酿环境中基本要依靠酵母自然产生，无法像工业化生产线一样注入食品级二氧化碳，因而瓶中发酵至关重要。但此时酒液中的糖

■ 简易打盖器

分已经消耗殆尽，酵母活性也降到最低，需要额外投入新一批糖分，让二氧化碳重新出现并被封死在瓶中。

在装瓶前，需要最后测量液体最终比重，看是否符合软件中给出的预设值，从而对本次酿酒酒精度有个概念。不过

■ 与自酿酒友们分享啤酒

啤博士的啤酒札记

需要慎之又慎的是，糖分过多会导致发酵产生的二氧化碳过多，因而瓶中气压过大，开盖后往往犹如泉涌般一发不可收，抑或是爆瓶发生危险。笔者在装瓶时每 330 毫升酒液大致投放一颗 2 克左右的大小冰糖、2 克左右的白糖或者 2 毫升左右的蜂蜜，基本能保证足够的沙口感。

装瓶完毕后，静静等到瓶中啤酒成熟即可，这个过程因啤酒种类和陈放条件而异。印度淡色艾尔、拉格、小麦啤等啤酒图个新鲜，2 周即可开瓶测评；而世涛、修道院四料之类的啤酒则陈上 2 月以上更优。不过既然是家酿，经验的积累非常重要，各位爱好者不妨不断尝试，得到自己最宝贵的经验。按照笔者个人经验，一个批次的啤酒酿成之后，往往活不过两个月，就已经被笔者和各种酒鬼朋友们瓜分完毕了……

这个时候你需要的：

a. 冰镇过的一瓶啤酒；

b. 配套的一个杯子；

c. 三五位爱酒的好友；

d. 舒适的音乐和气氛；

e. 轻松愉快的心情。

好好享受这一人间美好吧！

第十一章

CHAPTER 11

喝啤酒也可以很讲究

　　啤酒既是一种普通商品，也是一种生活态度。正如享受一道食物，既可把它看作含有卡路里的快餐，又可以像精致的美食一样，需要合适的场合、气氛、餐具等去烘托。同样的道理，啤酒打开后由泡沫、酒体和香味组成的微小世界，也需要酒友们用心去装饰。

酒吧初体验

首先，我们从什么是专业的啤酒酒吧开始。

在去酒吧之前，酒友们要清楚知道自己此行的目的，因为提供酒水的地方实在太多。而且不少人容易联想到各种歌厅/夜店性质的地方，以致很多"酒吧"被打上了不该有的标签。而本书中的酒吧与它们（歌厅/KTV/夜店/Club）风格截然不同，这里大致介绍几个关键点用作区分。

英文叫法：歌厅和夜店一般叫做 KTV 和 Night Club，酒吧一般叫做 Bar 或者 Pub（酒馆）。

啤酒卖法：夜店一般以"支"卖，酒吧一般叫作瓶或杯。

啤酒喝法：夜店里的人一般站着跳着，酒吧里的人一般坐着唠着。

人群集中：夜店里的人集中在帅哥靓妹附近，酒吧里人一般围着吧台和啤酒酒头（Tap）。

音乐：夜店里一般是 DJ、Disco（迪斯科）等劲爆音乐，酒吧里一般是爵士、蓝调、乡村。

可以看出，真正的酒吧是一个专业喝酒的地方。抛开大家耳熟能详著名酒类（威士忌、红酒、朗姆、龙舌兰）的酒吧，这里提到的当然是啤酒酒吧。啤酒酒吧的普遍特点是：有个啤酒疯子一样的老板/侍酒师/酒保，瓶装啤酒的种类很多且多来自进口，本地产以及酒吧自产的鲜啤啤酒酒头至少有

■ 一家开在挪威旅游胜地——斯塔万格的酒吧

一排，喝酒的佐食也是必备的。

事实上酒吧文化的形成与历史上西方生产力的进步关系甚大，尤其是在通过工业革命迅速崛起的欧洲。生产力的进步极大地改变了社会生产结构，原本被束缚在土地上的农民们源源不断地进城变成劳动力，他们成为码头工人、建筑工人和车夫。被工业反哺的农业产生更多剩余粮食，又有工业培养出来的大型酒厂将它们酿成更多啤酒商品，再有商业和服务业做最后的接力，服务于各行各业的伟大劳动者。于是，所有人的物质生活都逐渐丰富起来。

随着生产力进一步提高，社会结构也在逐渐改变，宗族式的大家庭开始被迁徙的潮流所冲刷，一个陌生人的社会逐渐形成，西方的人文主义和自由主义思潮逐渐占据主流。陌生人之间的社交成为每个人生活中必不可少的部分，而酒吧恰恰成为最好的选择：这里环境简单，聚会人数可多可少，程度可深可浅。碰到聊得来的可以多聊几句，碰到聊不来的，借口再打一杯酒就能巧妙闪开去找其他人聊。酒吧越开越多，价钱越来越亲民，人们的收入越来越高，久而久之，酒吧文化就这么形成了。

即便经过两次世界大战的冲击，啤酒由于粮食禁令而几近消失，但彼时的士兵们依然有一定特权享用，例如前文提到的英国喷火式战斗机在征服诺曼底后就开始将木桶艾尔挂在机腹带到前线。"二战"结束后啤酒果然又迅速复苏过来，一个典型的表现是为战争准备的听装啤酒火遍全球。听装本来是美军常用的便携式储存方式，不经意间却成为了潮流。世界重新进入和平，经济快速发展，人们收入更高但也更加劳累，尤其是脑力活动带来的压力与日俱增，酒吧用来休闲和娱乐的氛围就更进一步。以至于酒鬼们都无法满足于工业量产的啤酒，酿酒师们于是顺势在20世纪80年代掀起了今天的"精酿啤酒革命"。

笔者所在的荷兰，酒吧实在太过火爆，以至于市中心的几乎每一条小街都会有一个酒吧，有的酒吧甚至已经开了近200年。甚至笔者曾经就读的荷兰高校，竟然每一个学院都有一个学生全权经营的酒吧，不可思议！学院把100多平方米的地方免费给学生使用，学生则以微薄的盈利运转酒吧，啤酒售价仅比超市略高，连市中心酒吧价格的一半都达不到。

酒保们往往就是来挣点小钱的勤工助学学生们，好不和谐！笔者问过来自英国、德国、比利时等地的同事，他们本国的情况也大抵如此，这样大家就不奇怪为什么这些国家是啤酒大国了。

■ 啤酒已经成为现代社会一种经典的社交工具，在学术界亦是如此

其实无论是朋友之间的聚会、同事之间的社交还是情侣之间的浪漫，甚至是口渴了喝上一口，酒吧都是这种轻社交的完美场地。笔者参加过欧洲许多不同地方的学术会议，一般到了海报展览区，也是大家手里拿着啤酒，边走边看，碰到感兴趣的作者举杯聊上一些学术问题。有时候一不小心，热烈的学术讨论就演变成酒吧里再战下一轮，很有意思，认识了很多同行，也收获了很多酒友。

酒吧的文化就是如此简单：有时间多喝几杯，没时间喝一杯就走，随意自由畅快。有意思的是，荷兰的交警也考虑到这些，这里的酒驾标准要比中国低一些，新司机基本喝一瓶啤酒不会被查，老司机则可以喝上两瓶。

不过说句实话，笔者并不认同这种宽泛的管理，还是奉劝各位酒鬼：喝酒不开车，千万！

作为资深酒鬼，坦诚来说，酒吧也的确是最专业喝啤酒的地方：啤酒冰到最适饮的温度，种类多种多样可供挑选，酒头里的鲜啤其他地方喝不到，杯子也都是配套的，身边都是懂酒的，气氛必然也是极好的。

但也需要注意一些基本的素质。穿着西服不一定被人骂成刻板无趣的傻子，但穿着背心裤衩拖鞋一定连酒保都看不起。与其他人互相礼让、女士优先、严禁室内抽烟、需要服务请举手示意或耐心等待……诸如此类，既然是来靠酒精放松，就不要给自己或其他人添堵是不是？选对喝酒的场合，就可以开始下一步。

|点杯好啤酒

决定去酒吧喝酒，可是看到酒单头晕了？这很正常，先不说纯英文酒单，就是中文酒单的各类外文翻译都让人抓狂！但万变不离其宗，你如果能跟酒保打交道总是没错的，让酒保推荐点啥吧。

如果你要自主喝的话，按照喝酒经验，本书可以给你几个简单的套路。

无级别：如果你刚从各种非常清淡的"大绿棒子"过渡过来，那么现在尝试诸如喜力、嘉士伯、百威、国产各种纯生啤酒，都是合适的。不过说句心里话，既然是个标准啤酒酒吧，有这些的可能性很低，最多有一些酒头上的鲜啤，但肯定跟"大绿棒子"口味差别挺大。

入门级：如果你懂得工业量产拉格与更多味道更丰富的

■ 一杯香甜浑浊的小麦啤，很适合入门（图片来源：牛啤堂）

啤酒的区别，就可以上个层次，但这个时候你一般还是喜欢清淡口味的，但已然可以按照味道来选酒。

如果喜欢面包味、香蕉味的啤酒，可以考虑德式小麦啤，比如教士、宝罗娜。如果喜欢吐司味、丁香味和芫荽籽苦橘皮等带来的香料味，可以考虑比利时小麦啤，比如福佳。如果喜欢面包味、柑橘味、热带水果味，可以考虑美国小麦啤，比如鹅岛312。是的，单单小麦啤就这么多讲究！然而，你还可以尝试轻烤面包味、微苦、类黑精焦香味的德国黑啤，软水、香料味贵族酒花的原版捷克皮尔森，琥珀色、甜香、蜂蜜味的美式琥珀艾尔。

如果你是女生，希望尝试各种水果啤酒，水果兰比克是首要选择，酸酸甜甜就是我，一般有蔓越莓、覆盆子、草莓、黄桃、樱桃口味。女生还可以选咖啡世涛、巧克力世涛、牛奶世涛之类，味道必然极好！以上，记住关键词和大致味道即可，舌头会告诉你一切！

■ 适合进阶的修道院和 IPA 啤酒（摄影：刘昆）

　　进阶级：比利时修道院风格必不可少，目前全世界只认可 11 家特拉普修道院，前文已经介绍过。它们的共同特点是沙口感很强，酒体中等偏上，具有比利时酵母特有的香料味。根据味道不同，可分为四类（单料、双料、三料和四料），不代表度数，一般单料为亮金色普通款，双料为棕色麦香款，三料又变为亮金色加强版（有时会添加芫荽籽苦橘皮香料），四料又变成棕褐色，融合了比利时糖、复杂麦芽味、深色果脯味于大成。

　　当然还有其他普通版修道院，比如莱福、马杜斯、圣伯纳等。如果你喜欢英伦风，可以来个麦芽焦香味突出的英式波特、黑咖啡风格的爱尔兰世涛、较强沙口甜香的澳大利亚起泡艾尔。

如果这个时候你还不知道 IPA，就说不过去了。它的特色是大量酒花香味和苦味，可以先从淡口味的工休 IPA 开始，到后来升级的维度很大，可以参照前文内容。

德国和荷兰有独具特色的春季博克和秋季博克，这酒花和麦芽鲜香非常鲜，可是恐怕不容易买到。

高阶：各种酸啤就要隆重登场。兰比克必须要尝试

■ 一杯水果参与酿造的兰比克，倒出来时已经颇有红酒的感觉（摄影：刘昆）

一下，这是全世界唯一一种纯自然 / 野生发酵的啤酒。但点酒要谨慎，原版兰比克由于发酵特点可能特别酸，几乎没有气泡，建议改版过后的贵兹（新老酒混酿）、法柔（有糖偏甜）和水果系列（最好为樱桃）。

甚至可以挑战一下德国的柏林小麦白啤里的乳酸味，抑或是荷比地区法兰德斯艾尔的木桶味、麦芽味、乳酸、醋酸味的混合。一般人喝这几种酒只有两种情况：喝不惯和喝到停不下来！比如著名的勃艮第女公爵啤酒，但你总得试试。

开始追求高酒精度和重口味？怎么着也得来个俄罗斯皇室御用的帝国世涛（浓烈麦芽味、果脯味、焦香味、明显酒精味）？要不更近点的波罗的海波特？而这个阶段没有尝过

■ 这一款蜡封过桶啤酒的保质期可以长达25年（摄影：佟帆）

大麦烈酒的朋友没有资格说自己之前是喝过红酒的！如果这都可以接受，想必冰馏博克也在路上。

而IPA的各种升级版本，例如白色IPA、黑色IPA、比利时IPA、双料IPA、黑麦IPA这些新衍生风格，也值得横向对比欣赏！

大师级：可以开始喝过桶啤酒，一定要喝那种陈酿在波本桶、雪莉桶、里奥哈桶、艾雷威士忌桶、香槟桶、波尔多桶、朗姆桶等各种桶的帝国世涛和大麦烈酒，是不是开始出现不认识的词汇了？也开始对各种桶的区别抓狂了？

还有增味啤酒，来个咸味的古斯小麦啤开场？或者来个传统香料格鲁特取代啤酒花的复古版？还有各种限量版本的混酿和特藏，5年陈酿史、20多年保质期都是很正常的存在。

极限啤酒：还有很多追求极限酒精度（目前世界纪录是蛇毒的67.5度）、超级酒花炸弹IPA（击沉俾斯麦）、数次循环过桶的世涛（乌托邦），还有更多加了奇奇怪怪原料的啤酒，不过它们太过另类，本书已经不建议轻易尝试，更何况它们一般也很贵！

杯具不悲剧

　　啤酒的一生大概经历这么几站：煮沸了的出糖锅，加了酵母的发酵罐，封了盖的玻璃瓶，各式各样的啤酒杯，最后直达酒鬼老饕们的挑剔口腔。

　　更加复杂的工艺可能使其中一些步骤略微不同，比如多步出糖、锅中糖化，一次发酵后倒罐再次发酵，装瓶前加上木桶陈年。但最后两步永远不会变：啤酒需要一个最合适的

■ 不同的啤酒杯衬托出了啤酒之美（摄影：霍卓玺）

杯子来展现它最完美的一面，方才在酒鬼们一啜一饮间进入那味蕾富集的口腔。

啤酒杯展示了啤酒所有的外在，颜色、纯净度、香气、泡沫、酒脚，各个维度的美感不尽相同：

颜色之美，既可以如稻秆一般淡黄，又可以如焦炭一般乌黑；

纯净之美，既可以如山泉一般透亮，又可以如水墨一般浑浊；

香气之美，既可以如面包一般甜香，又可以如咖啡一般焦煳；

泡沫之美，既可以如蒸汽一般热烈，又可以如霜花一般细致；

酒脚之美，既可以如雨水一般短促，又可以如融雪一般悠长。

■ 杯子成为展现啤酒之美的最后一道平台（摄影：刘昆）

少女的轻盈活泼与生机碰上死气沉沉的雨鞋长裤大檐帽，自然不合理。啤酒亦是如此，外在美的维度不同，自然需要不同的啤酒杯来衬托，我们常用的杯子大概有 15 种，它们都有最适合搭配的啤酒。

之一：笛形杯（Flute）

笛形杯从诞生的那天起几乎就是为香槟或者起泡酒服务的。细长的身躯、高耸的杯脚、晶莹剔透且薄如蝉翼的玻璃，以凸显酒液美丽的颜色和气泡不断升腾的美感为第一要务。它的杯形大小非常有限，也决定了它更适合一些精致饮品。正如香槟，在庆祝活动开场前恰如其分地来上一杯，既起到活跃气氛的作用，小小的一杯又可以很快调动起酒鬼和老饕们的味蕾和肠胃，做好后续享用盛宴的准备。

■ 笛形杯（手绘：Feifei）

因此，用笛形杯来搭配一些小而精致的啤酒，原因亦是如此。比如澳洲起泡艾尔、酸爽的兰比克、贵兹、法柔，咸酸掺半的古斯啤酒也未尝不可。

之二：郁金香杯（Tulip）

郁金香杯得名于它酷似荷兰郁金香球茎的外形，中部优美的凸起弧线决定了它能够在倒酒过程中迅速聚拢香气，同时上部收口能维持较丰富的泡沫，能够持续很长时间。重点突出啤酒的美丽酒头和香气。

因此，郁金香杯比较适合香味浓郁、酒头泡沫丰富的啤酒，例如搭配苏格兰艾

■ 郁金香杯（手绘：Feifei）

尔、美式 / 英式 IPA、美式 / 欧式琥珀拉格等。

之三：开口郁金香杯

相比郁金香杯，这种开口版杯形显然多出一个重要的优势：比起传统郁金香杯对香味的聚拢，它更在乎香味的猛烈释放，让饮酒者迅速体验到酒特色的香味。

■ 开口郁金香杯（手绘：Feifei）

这种改进过的杯子几乎是比利时啤酒的必备选项，因为比利时啤酒最大的特色莫过于独特酵母菌株带来的浓郁酚类味道，独一无二。无论是比利时淡色艾尔、金色艾尔乃至烈性艾尔，这种杯子能把倒酒过程中泡沫爆裂释放出的香气尽快散播到空气中。当然，还有泡沫升腾和爆裂过程中产生的"噪声"。

之四：圣杯（Goblet or Chalice）

比利时修道院系列啤酒是啤酒世界中另类但极其特殊的存在：它们由天主教苦修教派特拉普僧侣们酿制而来，种类有单、双、三、四料不等。质量没的说，代表作W12更是已经牢牢霸占世界啤酒排名头把交椅长达数年。这类啤酒自然也需要搭配特殊的杯形：圣杯！

■ 圣杯（手绘：Feifei）

这种圣杯较大的开口可以最大限度展示修道院啤酒的风味特色，但更重要的是，修道士将他们对上帝的虔诚也带入啤酒，这一特殊的宗教特色杯形也应运而生！

之五：白兰地杯（Snifters）

这种精致犹如工艺品的杯子一般用于白兰地，尤其是干邑（Cognac），中部大幅隆起的身躯且一般只倒三分之一高度决定了它的重要功能是聚香。它娇小的体型说明这些酒应该拥有"危险"的度数，应该仔细品饮，而杯子相对昂贵的价格也说明酒的身份并不一般。

■ 白兰地杯（手绘：Feifei）

因此，它更适合一些高度大麦烈酒、冰馏博克、帝国IPA，以及各式各样的过桶啤酒，它们都有一个共同特点：酒香浓郁，层次丰富，度数较高，价值不菲。

之六：马克杯

到了东欧国家，例如捷克、奥地利，酒馆基本被这种杯子垄断，相信你也看出它的核心了：走量走心，端饮方便，玻璃清澈透明，和喝水用的马克杯几乎没有区别。当然，事实的确如此，捷克人已经靠这种杯子喝下人均饮酒量第一的世界纪录。

■ 马克杯（手绘：Feifei）

端起 500 毫升乃至 2000 毫升装的马克杯，倒满捷克从浅色到深色的经典拉格、奥地利维也纳拉格。一边大快朵颐，一边端起来碰杯，双方杯子的酒还一不留神溅到对方杯中，何不快哉！虽然根据当地传说，这种方便碰杯和酒液溅到对方杯中的设计是古时候提防对方在酒中下毒的良策，但时至今日，碰杯带来的美好气氛早就让人忘却一切了！

之七：皮尔森杯

皮尔森是世界上大部分啤酒学习的标杆。在梅特涅代表哈布斯堡王朝斡旋于欧洲大陆而创造欧洲"梅特涅时代"的几十年里，皮尔森创新开发的这种拉格啤酒成为了整个欧洲最为流行的商品之一，直到今天。

■ 皮尔森杯（手绘：Feifei）

这种啤酒呈现稻秆的浅黄色、泡沫升腾、清澈透明、麦香浓郁、酒花典雅，但让它获得今天地位的另一重要原因还是皮尔森杯的出现，独特的倒圆锥设计可以将酒液展示出犹如淡色琥珀般的美丽。皮尔森杯加上皮尔森啤酒，是梅特涅时代巴黎街头高端餐饮的符号之一，它们随着欧洲铁路时代的到来而从这个小镇运输到了整个欧洲大陆。

之八：德式扎啤杯（Seidel）

看到如此瓷实奔放的外表，甚至厚重到有花纹和凸起，你就可以想象到这是嗜酒如命的德国人青睐的杯形了，这也是闻名遐迩的慕尼黑啤酒节帐篷中觥筹交错专用"杯具"，甚至在"二战"后的英国也广为流传。德国侍酒大妈们双手端着10个杯子健步如飞的场景，也由它造就。

■ 德式扎啤杯（手绘：Feifei）

相比德国人的东欧邻居，德国人在这种杯子里倒入的是十月节啤酒、德式清亮拉格、三月啤酒、德式春季博克、德式皮尔森、德式黑啤。喝到啤酒节后半程，两个杯子猛烈碰撞后制造噪声吸引大家目光，在大家注视下双手抱着这粗矮厚重的杯子一饮而尽，也将德国啤酒节最后阶段推至高潮。

笔者曾经在慕尼黑啤酒节上站到桌子上喝过一次，终于明白为什么这种杯子要设计成可以双手抱住，真心太过刺激！

只是第二天都忘记发生过什么了……

之九：传统德式陶制啤酒杯（Steins）

这种主要由陶制作、带有盖子的杯子告诉你三条重要信息：早在玻璃出现之前它就广泛存在；带有盖子证明它是生活中用来盛"液体面包"以防苍蝇蚊虫的绝佳选择；如果你愿意，可以在心爱的宝贝啤酒杯表面做各种精致的装饰。

■ 德式陶制杯（手绘：Feifei）

它的德语是 Steinzeugkrug，意为粗陶水罐，是古老德国人生活中必不可少的生活用品。显然，在玻璃出现之前它几乎是所有德国啤酒的最佳容器。不过到了今天，已经没有酒馆愿意再用这种造价高且不易清洗的杯子，只有酒鬼们还在家中享受那锡盖合上时发出的清脆声音。笔者也有一只纯锡做的杯子，喝起来被瞬间带回日耳曼人在欧洲背井离乡、到处迁徙的时代，好一种独特的体验！

之十：小麦啤杯

凹凸有致，曲线优美的杯形，决定它可以完整展示一杯啤酒的美丽，尤其是对于泡沫持续升腾的观感更是如此。而它用来搭配德式小麦啤再合适不过，鲜活酵母和残留蛋白造成的均匀浑浊，在不断从杯底涌向头部的泡沫冲击下翻滚，蔚为壮观。头部的收口，也可以长期聚拢泡沫和香气，使得每一口都是蛋白甜香、细致泡沫和麦香酒液的综合，十分完美。

■ 小麦啤杯（手绘：Feifei）

之十一：比利时小麦啤杯（Tumbler glass）

如同其他比利时啤酒一样，它最关键的依然是迅速将特色的香气释放出来。比利时小麦创新地使用了苦橘皮和芫荽籽，配合酵母特色酚类和醛类的类似香料味，大大的敞口和由下到上快速放大的瓶口正是为此而来。由于比利时小麦啤几乎都产自呼哈尔登小镇，因此你看到的这种杯子基本都有这个小镇的标记。当然，中文把这款啤酒翻译成了福佳。

■ 比利时小麦啤杯（手绘：Feifei）

之十二：美式品脱杯

美式品脱杯最大特色：简单直爽！甚至对负责清理的酒保、搬运杯子的工人、批量生产的产商而言都是最简单的设定，它们方便清理，可以随意摆在一起，简单的模型可以快速生产，这就是一种简约的暴力美学，也符合美国西部牛仔和红脖子大叔给予世人的文化印象。它的名字甚至也不用起，就用体积单位——品脱来称呼好了。

■ 美式品脱杯（手绘：Feifei）

因此，在美国，几乎都被这种美式品脱杯垄断，美国人用这种杯子装下任何一种美国产的啤酒。但这里已经脱离了啤酒的审美范畴，因为这种杯子带来的是美国的文化特征。正如美国人的啤酒，刚开始是简单的复制，后来不断融入美国元素，大力创新，导致它变得再也不像它原来的样子，成为新的啤酒。

之十三：英式品脱杯

爱上英式品脱杯，很大一部分原因是因为健力士啤酒，在 119.5 秒犹如强迫症一般的标准打酒流程后，氮气泡沫翻腾冲击的瀑布般观感让人浮想联翩。比起美式品脱杯，不仅是体积的不同，英式品脱杯也普遍拥有一定上粗下细的 S 形曲线，甚至中间会凸起一部分圆弧。

■ 英式品脱杯（手绘：Feifei）

搭配最多的也自然是英式啤酒，不仅限于干世涛，也可以装下英式波特、世涛、苦啤、IPA、陈年艾尔、木桶艾尔。航海时代的英国港口，到处听到的就是厚重杯底放到桌上时发出的"咚咚"声音。

之十四：斯坦格直口杯（Stange）

这种杯子的特点是：经典的 200 毫升、上下直径完全一致、杯壁薄如纸、有一套专门的侍酒器具搭配。喝的时候不要碰杯，碰下杯垫示意即可，也提醒自己在杯垫上多划一个符号，记下已经喝了多少杯，方便结账。

■ 直口杯（手绘：Feifei）

这种特色的斯坦格杯几乎是科隆啤酒的专用杯形，这种德国少有的小麦艾尔啤酒经过了长期的窖藏，变得清澈透明、麦香十足，放在精致的斯坦格杯中，更是彼此相得益彰、卖相惊人。

科隆人在讽刺挖苦离他们仅仅 40 公里外的杜塞尔多夫老式啤酒时，总是用斯坦格杯和科隆啤酒的清澈透明为武器，来衬托他们口中把老式啤酒叫作"马尿"的小小得意。

之十五：品酒比赛用杯

啤酒比赛多如牛毛，一场比赛下来，裁判的舌头都要累得发麻，给每种啤酒准备特制的杯子简直是天方夜谭。为了公平起见且考虑裁判的感受，这种最简单的小型杯子就是最好的选择，甚至质量偏高的塑料杯也可以作为选项。它不能特地突出啤酒的外观和香气，一切都中规中矩，只是如实反映啤酒中的一切。

当然，参与比赛的你也不用觉得公平或不公平，啤酒比赛中是严格不按照"以貌取人"来判断啤酒质量的，在打分表中外观仅占 3/50 的权重，还是啤酒的内在最为核心。

■ 品酒比赛杯（手绘：Feifei）

■ 特殊杯形（手绘：
Feifei）

特殊杯形

不是笔者偷懒只想写 15 个，而是酒商们的想象力实在太丰富。除了在啤酒发展历史上这重要的 15 种杯形外，还有很多后续的创造，比如荷比卢的马车司机们用的 Kwak 杯，可以方便用自带的小型木夹卡住杯子；德国人的欢乐靴子杯；柏林人喜欢搭配果汁和小麦酸啤的平底杯；这些年突然流行的创意 Teku 杯，甚至越发流行的杯底激光刻字以激发泡沫升腾的杯子，等等，让人目不暇接。

讲到这里，啤酒的世界是不是变得更加有趣了？上述杯子，笔者已经都集齐了，你还差多少？

在欧洲，几乎每一个酒商都有自己独特的杯垫，实现了酒、杯子、杯垫的完美配套！笔者本人也喜欢收集各种各样的杯垫，喝酒时全套搭配起来，好不快活！

喝酒三要素

选中了最完美的杯子还不够，为了保证最好的体验，好的侍酒习惯无疑是必需的。温度、酒头泡沫、外观都是极其重要的存在。

因素一：温度

这是喝酒时需要考虑的最重要因素。

啤酒中气体（二氧化碳）在低温下溶解度较高，比较冰的啤酒在室温或喝的时候经过口腔加热便会释放更多更猛烈的气泡，这对于一些沙口感要求非常高的啤酒极其重要，比如拉格、IPA、修道院艾尔、各式小麦啤等。丰富气泡的爆

■ 对于浑浊 IPA 这类啤酒而言，适当的低温能使得它的酒体达到完美状态（摄影：刘昆）

裂过程，能够释放更多啤酒的芳香，促进舌头感受到更多啤酒的味道。

同时，酵母包括其他微生物在低温下活动更低，低温能延长啤酒的保质期，对新鲜度要求比较高的啤酒而言更有意义，比如一些突出新鲜的浑浊 IPA、皮尔森、德式十月节啤酒等；低温还能促进这些啤酒中的酵母沉淀，经过过滤之后减少酵母带来的发酵副产物味道，使得啤酒的麦芽味和酒花味更加纯粹。

在 1918 年人类第一台商业家用冰箱进入家庭以前，人类可谓是为了与温度做对抗付出了不懈的努力。酒鬼们尽一切可能利用大自然的馈赠与人类自身的"鬼斧神工"，要么把啤酒长期放在欧洲中西部的山洞中长期拉格，或者在自家后院挖一个深深的地窖。

甚至在工业化冷冻技术之前，冰块贸易曾经是人类历史上最大规模的贸易之一，最著名的便是美国东海岸与北欧之间的贸易，最大的合作伙伴便是挪威。这种方式是从挪威的天然冰川与湖泊取冰块，跨越整个大西洋到达美国。在 1870 年代单单挪威就每年向美国出口高达 91 万吨冰块。到了 20 世纪初美国的冰块消耗量常年保持在 1000 万吨以上级别。在美国，形成了一个庞大的冰块加工、物流与销售体系，城市中到处有贩卖冰块的商店,销售最好的当然是炎热的夏季，有不少都花在啤酒降温上了。

当然，并不是每一款啤酒都需要低温下喝。

最典型的便是著名的英式木桶艾尔啤酒。它一般就放置在酒吧吧台上，需要的时候由酒保打出。这种啤酒发酵温度略高，酵母带来的酚、醛、酯香比较足，也更适合常温喝。其他一些经典的高度啤酒，比如世涛、波特、老式艾尔、大麦烈酒，就更可以如此。

世界著名的《自然》杂志曾经有一篇文章"Heat Activation of TRPM5 Underlies Thermal Sensitivity of Sweet Taste"，分析了温度对大脑分析各种味觉刺激电信号的影响。总体而言，温度越高的情况下，人类对多种味道更加敏感、能感受到的啤酒味道也更加丰富。因此，对于越复杂的啤酒，要适当提高侍饮温度，对于能品尝出更多的复杂味道是非常有益的。

通常情况下，主要啤酒种类的最佳侍饮温度为：

2～4度：绝大部分淡色拉格；

4～7度：捷克和德式皮尔森、慕尼黑亮色啤酒、小麦啤、科隆啤酒；

7～10度：各类IPA、美式淡色艾尔、波特和大部分世涛；

10～13度：比利时艾尔、酸艾尔、博克啤酒、英式苦啤、苏格兰艾尔；

13～16度：大麦烈酒、

■ 泡沫也需要配合杯型，一般1～2指宽较为理想（摄影：刘昆）

帝国世涛、比利时烈性艾尔、双料博克；

大家可以对号入座，总体思路是：味道越复杂的啤酒需要在越高的温度下品饮，但最高不要超过 20 度。

因素二：泡沫

为了使啤酒达到最好的外观和缓慢地释放香气，酒头或者啤酒泡沫也是极其重要的存在。虽然有不少人纠结于如何倒出最完美的泡沫，以至于发明出了各种夸张的倒法甚至仪式般的流程，但笔者感觉大可不必。只要能保证大约一到二指宽的酒头就是极好的，倒法随意，能做到这种效果也最好，做不到也真心无妨。也要注意，有的啤酒天生就缺乏泡沫，比如喝正宗兰比克的时候非要这种效果，几乎是做不到的。

因素三：沉淀

老板，我的啤酒里有沉淀！

别生气，可能只是酵母的残渣而已。你要知道，我们喝的酒都是酵母辛勤工作带来的后果，且绝大多数未经过滤和严格杀菌的啤酒都会留有部分酵母来产生纯天然的泡沫，绝非工业量产啤酒在瓶中注入的食品级二氧化碳。既然如此，啤酒中有一些酵母残渣岂不是无比正常？更何况啤酒酵母片是世界上流行的保健品之一，因为它含有丰富的维生素 B 族元素。即便不提营养的事儿，总得尝一尝这些产生啤酒的生物吧？

啤酒的保管

酒友们都喜欢在家里囤下来很多啤酒以待不时之需，但毫无疑问，关于啤酒的保管是个需要着重考虑的问题，因为摧毁一杯啤酒的杀手实在太多。为了保管好一瓶啤酒，你需要着重做到四个方面：避光、隔热、竖放、保质期。

因素一：避光

光线毫无疑问是啤酒的第一杀手，它会直接促进产生光臭味。由于啤酒花的使用，啤酒中一定会出现最重要的阿尔法酸，也是它的异构产物形成了啤酒的苦味。酒花中也有大量的葎草酮类物质，它们是光臭味的重要来源。在光线的作用下会促进核黄素的生成，然后这些物质会被催化反应进一步形成一种叫作3-MBT的物质，这是臭鼬屁的主要成分之一。这也是为什么英语中把啤酒光臭味用臭鼬味来形容。

■ 麻烦美国动漫里总是出现的臭鼬兄弟在本书出一下镜，啤酒中的光臭味就用它的屁味来形容（图片来源：Pixabay）

为了最大限度避免光线的影响，一般对保存品质要求较高的精酿啤酒都选择使用棕色瓶子滤光。在家庭保管过程中，更要注意避光，可以尽量把啤酒放在避光的储藏室／酒柜／冰箱中。

因素二：隔热

精酿啤酒普遍采用二次发酵技术：当啤酒装瓶后依然保有一定的活酵母菌和残糖，在此过程中酵母菌缓慢地代谢掉残糖生成二氧化碳（气泡）。在大量酵母菌死去和溶解进而变质之前的这段时间，就成为了酒的保质期。在合理范围内，更高的温度会急速提升酵母菌和其他菌类的活性，在25℃～35℃达到巅峰。相比低温发酵的拉格啤酒，发酵温度稍高的艾尔啤酒发酵速度也会加快，出酒周期更短，原因就在于此。因此，应尽力控制啤酒的保存温度在5℃～10℃，保有酵母菌基本活性即可。过高温度会大大加快菌类代谢时间，减少啤酒保质期甚至使其更易变质。

因素三：竖放

与红酒的倾斜横放不同，啤酒最好的存放位置是竖直储存。

啤酒普遍采用金属瓶盖密封，金属接触酒液以后会被腐蚀，让酒有杂味，特别是类似血液的铁锈味。木塞也会有这个问题，笔者曾经喝过一瓶1987年酿造的兰比克，已经30年，酒是斜放保存，酵母残余完全固定到瓶子侧面，但酒液却因为接触到木质瓶塞而变得几乎都是木头味道（或许是相较红酒保存而言，倾斜的角度过大，导致酒液和瓶塞接触到）；其次，很多可以陈放的啤酒在酒液中都会有一些活酵母进行瓶中发酵，这些酵母死后会沉到瓶底，酵母死后自溶会有一些不良风味进入酒液，所以如果横放的话，这些死酵母和酒液的接触面积会非常大，会有更多不良风味进入酒液。更何况当你打开一瓶横放保存的啤酒时，必然要把这瓶酒从横放的姿势变成竖直的姿势，这样会人为地让酒液震动，一些瓶中发酵剧烈的啤酒可能会因此爆瓶、喷瓶。

因素四：保质期

保质期是保存任何一款啤酒都需要注意的问题，理论上讲，啤酒的最适宜饮用时间应该是在保质期内。根据酒精度 / 风味层次的不同，保质期大概分成如下几类。

第一：保质期极短，几天。主要是指各类鲜啤，由于未经过滤，有大量活酵母菌存在且接触空气，酵母菌的死亡和自溶会带来异味，氧化和易被杂菌感染也导致这类啤酒极容易变质。

第二：保质期 6 ～ 12 个月。这类酒主要突出啤酒基本原料的原始味道，比如突出酒花鲜香味的 IPA，突出麦芽香味的皮尔森 / 拉格，突出活酵母和小麦蛋白味道的浑浊小麦啤。但由于氧化物的存在（啤酒中不可避免，例如氧气），这些味道会随着时间的推移急速衰减，过了保质期基本就消失殆尽。因此，饮用时间越早越好。

第三：保质期1～3年。这类啤酒重点突出酵母复杂代谢产物与原料味道的融合，比如重口味修道院四料/世涛/大麦烈酒。它们的普遍特点是酒精度较高（酒精自带延长保质期效果），需要时间减弱酒精辣口感，也需要等过多原料的甜味变得酯化柔和而不腻口，但时间过长也容易导致老化的味道占主导。这不是变质，在不错的保存情况下如果没有染菌依然可以饮用，比如智美的修道院啤酒就有存放超过30年的版本，依然可以饮用，只是味道如酱油一般。

第四：保质期5年甚至更久。过桶啤酒和重口味大麦烈酒/帝国世涛是典型。在这种情况下，各种味道最为丰富，

■ 嘉士伯一个老地窖中发现的古老啤酒（图片来源：嘉士伯啤酒官网）

味道的层次感成为最重要的评价指标。经过长时间的存放，啤酒中会发生复杂的化学反应，比如醇类和酸类演变成芳香更浓郁的酯类，橡木桶的味道也会发生变化，更多地融合进味觉体系中。酒体会变得越发浓厚，辣口的酒精会逐渐变得温润。

不过话说也有奇葩，2016 年，来自丹麦的嘉士伯酒厂迎来了一个重大的惊喜：在一个根本不起眼的古老地窖中发现了一瓶包装完好的啤酒，它的历史竟然可以追溯到 1883 年！1883 年也是纯净酵母尤其是拉格酵母被提取出来的年份，这款酒也因而被叫作"优质拉格啤酒之父"。古老的啤酒往往由于发酵、原料问题，导致酒体过于厚重甚至杂质过多。而纯净拉格酵母的出现彻底改变了这一情况，使得酒体走向清爽宜人，更加易饮，直至拉格啤酒统治了全世界的啤酒市场，可以说这瓶酒承载了最早的记忆。

不过话说了这么多，大家都想知道，这个啤酒已经有 133 年历史了，到底还能喝吗？

答案是：酿酒师们尝了一丁点，回答能喝，可是不好喝，他们可不敢把这瓶啤酒一饮而尽。一来每一滴啤酒都如同黄金一样珍贵，二来万一出点啥事儿还得准备好买保险。哈哈，玩笑而已，其他人也喝不到这瓶酒，自然不敢妄下结论。不过后来这些酿酒师还是从里面提取出可以继续繁衍的酵母菌，从而变相地复活了这款古老的啤酒！

啤酒与美食

　　美食与饮品是中国人永远的主题，就好比中文的"餐饮""吃喝"等词汇都不忘记将二者并列。在讨论这个问题之前，首先问大家一个问题：在解决人类的食物需求之外，美食还有什么特点让人流连忘返？

　　作为中国人，提起八大菜系，脑子里回味过来的莫过于鲁菜的咸香馥郁、川菜的麻辣鲜香、粤菜的食材之美、苏菜的精致刀工、闽菜的甜酸天成、浙菜的鲜活软嫩、徽菜的重色味浓、湘菜的热辣厚重。

　　想必脑海中仅需一想一回味，口水便会垂三尺。

　　而说到最后，美食之所以成为美食，无外乎三个最重要的原则：极致的口感、均衡的味道、突出的特点。任何一国的任意一种美食，无论是口感的麻、凉、脆、糯，还是味道的酸、甜、苦、辣，都要占据至少一点才能广为传播，而能把三点完美集中到一起的就成为登上大雅之堂的饕餮盛宴之选。

■ 啤酒与美食也是永恒的主题（图片来源：Pixabay）

　　而提起本文的主角——啤酒，又是如何呢？

　　啤酒看似简单，却经过了从麦芽到糖到酒精的复杂过程，每一种原料都成为它多变的一个维度：水或软或硬，酵母可在发酵中移至上层、移至下层，乃至来自大自然的空气，麦芽可甜香、可焦香、可糊香，啤酒花则既可以像药草和松脂般清新典雅，又可像青草和鲜花一般芬芳，甚至能带给你杧果和葡萄柚般的无敌诱惑，而如果再算上变化无穷无尽的各种添加辅料，啤酒的变化可以随着维度的增加而急剧上升。那么把啤酒叫作"人类最复杂的酒"，就一点都不过分了。

当啤酒碰撞美食，就如同火星撞上地球。酒鬼老饕们又是如何让这二者擦出奇妙的火花？

原则之一：互避锋芒

狭路相逢勇者胜，但在美食与啤酒的世界中可不能如此，二者的剧烈碰撞会使彼此受伤。此时有弱有强、互相妥协就

■ 不能配合的啤酒与美食，永远要互避锋芒，只有适合搭配的才能在一起（摄影：刘昆）

显得非常重要，如果碰到完全不搭的两派还需尽量回避。

比如，任何一种小清新的点心，都会被帝国世涛和大麦烈酒的浓烈给掩盖，导致既没有尝出点心的软糯香甜，也没有尝到世涛的浓郁厚重。

再如，吃带鱼这一类重口味海鱼时，如果搭配以酒精度稍高的淡色烈性啤酒，如德式双料博克、比利时金色烈性艾尔，甚至帝国 IPA，酒精度高，让你不能畅饮，它们并不能迅速冲刷掉浓重的食物味道，反而会导致口腔对海鱼中残留血液的识别变得异常清楚，形成类似血液和铁锈的味道，诡异无比。

而如果一盘苦瓜遇到了酸味和谷仓味浓郁的原汁兰比克，恐怕就是黑暗料理的完美选择。

因此，假如美食和啤酒的最大特点格格不入，还是需要好好回避的。

原则之二：相得益彰

棋逢对手，互为裨益，美食与啤酒的搭配亦是如此，在规避了重大的配合矛盾后，如何将能够匹配的特点进行最完美的融合是二者搭配的重要原则。

一盘简简单单的花生米，有植物脂肪的芳香馥郁、恰到好处的盐味对味觉的提升，此时如果有一瓶德式小麦啤带来的小麦和活酵母的蛋白，蛋白与脂肪的轻微碰撞，加上花生米表皮美拉德反应的焦香，就陪着中国酒鬼们完成了经典"吹

■ 德国人眼中，淡色
拉格配上撒盐的咸
味面包可谓完美（图
片来源：Pixabay）

一瓶"的壮举！

　　而一份黑椒牛柳、豉汁排骨抑或是孜然羊肉，配上一瓶
美式世涛的焦香和微苦、比利时修道院四料的沙口与酒精温
润、德式烟熏小麦的淡淡火腿味，都将变得无与伦比，油腻
的感觉不再，留下的是味觉的平衡与满足。

　　而最为经典的，莫过于人们常吃的几道重口菜：麻辣小
龙虾、羊肉板筋大腰子、九宫格火锅……那么此时最重要的
就是在食材咽下肚后迅速冲净口腔，认真感受那花椒带来的
口腔震颤、辣椒带来的口腔灼烧感，好不刺激！而且啤酒还
要越冰越好，要的就是"冰火两重天"的效果。

　　这个配什么最完美？

　　答案是"大绿棒子"！一边手嘴并用吃着烧烤，一边拿
出冰足的啤酒，倒满、举杯、畅饮、干杯，一气呵成，可不
快哉！

　　对了，别忘了"大绿棒子"的官方名称叫作美式淡色拉格。

原则之三：前呼后应

中国人提及食物必有饮品，如今的餐饮、古代的箪食壶浆，这些词汇即是由如此的逻辑组合而来。因此，无论是啤酒还是美食，最好按照一定的节奏进行。

比如在吃饭前，来上一杯工休低酒精度的美式 IPA，让这葡萄柚和杧果混合的味道提起你的食欲？或者来上一杯蔓越莓 / 覆盆子 / 樱桃的酸爽兰比克来开胃？

饭中大家举杯之时，一杯经典双料 IPA 下肚，入口苦味洗尽口中油腻，啤酒花芳香沁入宾客心脾，不消三轮就后劲十足的酒精更能让人敞开心扉、畅所欲言。

而在饭后，又有谁能抵抗得了一杯爱尔兰干世涛那爽口、纯净却如咖啡一般的口感？

所谓"我饮不尽器，半酣味尤长"，莫过于此。

原则之四：文化渲染

各位酒鬼老饕总是对美食和美酒热衷讨论，这也永远是各种饭局的常见话题，啤酒的参与亦是如此。

当比利时修道院啤酒配上法餐的精致牛排，谈一谈法国大革命的鲜血与热泪、命令与征服；

当柏林小麦啤碰到荷兰西兰地区的水煮青口（又叫海虹），谈一谈荷兰南部的法兰德斯人如何在中世纪跨越半个欧洲，而拿破仑大帝却叫它"来自北方的香槟"！（读者是

啤博士的啤酒札记

■ 这幅图来自彼得·勃鲁盖尔（Pieter Bruegel）在 1567 年创作的《农民婚礼》，反映出今日大热大火的兰比克啤酒（左下方），已经是当年的法兰德斯（今荷兰、比利时交界地区）的日常饮品

否还记得前文说起的柏林小麦啤的来历？）

当印度淡色艾尔解去兰开羊肉锅的油腻，谈一谈日不落帝国舰队驶向全球的大航海时代，相比殖民地对当地人的冲击，商业文明的冲刷更是彻底颠覆了当地的农业文明；

喝一口皮尔森、啃一口慕尼黑烤猪肘，谈一谈梅特涅在哈布斯堡王朝的信任和授权下，斡旋于欧洲几大帝国之间，开创了欧洲的梅特涅时代，乃至让皮尔森席卷全球。

金樽清酒斗十千，玉盘珍羞值万钱。当美食碰到美酒，切记，提起筷子，倒满酒杯，缺一不可。

干杯！干杯！干杯！

酣战啤酒节

人类是一种社群化的高等级动物，几乎任何一个家庭、社区、民族和国家都有自己值得庆祝和开派对的日子，酒鬼们自然也不例外。在小群体中也许品酒会和派对可以满足需求，但当很多酒鬼们聚集在一起的时候，就成为了世界各地到处都有的啤酒节。在啤酒节上，你几乎可以非常方便地体会到各种各样的啤酒，见到来自五湖四海的酒鬼朋友，何不美哉？在这里就为大家列举出笔者心目中认为最值得去的十大啤酒节。

10. 蒙特利尔啤酒节（Montreal Mondialde la Biere）——加拿大，蒙特利尔

蒙特利尔啤酒节创建于 1994 年，现在已经成为让世界了解魁北克乃至加拿大啤酒业的一个窗口。蒙特利尔啤酒节通常在 6 月的第二周举行，每年这个时候，近十万的啤酒爱好者来到这里，享用啤酒节提供的超过 500 款不同口味的啤酒。另外，组委会设置了啤酒学院和啤酒竞赛，为各路啤酒爱好者提供一个深入接受啤酒知识教育的机会，内容五花八门，甚至包括利用啤酒进行烹饪的专题宣讲。

9. 捷克啤酒节（Czech Beer Festival）——捷克，布拉格

捷克共和国是世界上年人均啤酒消耗量最大的国家，远远超过其他任何一个国家。另外，在啤酒爱好者的心目中，这个国家的地位有些特殊，因为它是比尔森啤酒和萨兹啤酒花的故乡。捷克啤酒节在每年的五月举行，为期 17 天。啤酒节上供应 70 多种捷克本土及美国、英国的啤酒，会场能够同时容纳 10000 人，200 多名年轻漂亮的小萝莉和小鲜肉穿着捷克传统服装穿梭在人群中，为大家提供啤酒。笔者路过一次，不过恰逢工作日的中午时间，只见到少数摊位和美食，没见到鲜肉滚滚的场面，实在遗憾。

8. 米奇乐啤酒节（Mikkeller Beer Celebration Copenhagen）——丹麦，哥本哈根

米奇乐（Mikkeller）是一家坐落于丹麦的吉卜赛酒厂，酒厂的创建人就叫米奇（Mikkel）。之所以说它是吉卜赛酒厂，是因为绝大部分酒是在比利时酿造，其他合作啤酒酿造商更是遍布世界各地，这使得它的研发焦点在啤酒配方上。酿造，营

■ 这个酒厂的酒标设计永远都时尚无比，啤酒节的设计也不例外

销，再酿造，再营销，很快从一个小酒厂成长为世界著名酒厂，甚至是北欧啤酒的象征。

在 2017 年的啤酒节中，两天时间内共分成四个主题，共计 86 个酒厂来到现场，但每个都是受邀请而来的顶级酒厂，再加上无数的啤酒发烧友，场景颇为壮观。现场有很多限量版的佳酿，市场售价极为昂贵，仅谈一谈它的门票价格：两天票价高达惊人的 2000 元人民币（250 欧元）。但依然提前半年售罄，啤酒的稀有程度可想而知。

7. 巴塞罗那啤酒节（Barcelona Beer Festival）—— 西班牙，巴塞罗那

西班牙地理位置属于欧洲西南部，气候偏温热干燥，盛产葡萄等作物，古往今来都是葡萄制酒作为主流。而随着欧洲兴起、美国发扬光大的精酿文化影响，西班牙目前已经拥有了近 200 家精酿酒厂，可见精酿啤酒的全球影响力在不断增强。从 2012 年起，每年都会在巴塞罗那著名的海事博物馆（哥伦布起航的地方）举办为期三天的巴塞罗那国际啤酒节，目前巴塞罗那国际啤酒节已经成为一个来自全球近 30 个国家、近 200 家参展酒商、超过 500 种鲜啤、数万人参加的大型啤酒节。还设置有全国家酿啤酒比赛、著名酒厂和酿酒师见面会、西班牙精酿啤酒论坛和本地的一些酒厂参观活动。

笔者在 2016 年参加了这个啤酒节，由于场地有限，展台数量有限且每个展台只有一个酒头，只能打出一种酒，远远不足以应对厂家数量和啤酒种类，需要排队使用。但是这也为现场最有意思的活动提供了可能：新酒敲钟预告。

■ 啤酒节上两个极其配合拍照的小哥

博物馆侧面有个很大的黑板，上面实时显示了每个展位目前的啤酒种类，包括酒厂信息和啤酒名称。两位西班牙小哥手里拿着与赛事组织方随时联系的通信设备，一旦接到消息，就火速在黑板对应的位置更新啤酒，写完之后使劲儿敲响上方的大铃铛。于是震撼的一幕出现了：全场欢呼雀跃，仿佛又有一条新船下水一般。毕竟，这里见证了哥伦布等一批航海家们出发探索整个大洋。到了下午酒鬼最多的时候，便一直是此起彼伏的欢呼声和钟声。

6. 日本啤酒节（Great Japan Beer Festival）——日本，东京、名古屋、大阪、冲绳、横滨

日本在威士忌上的成就早就举世共睹，不得不承认，他

们的精酿啤酒也走在亚洲领先地位。日本精酿协会（Japan Craft Beer Association，JCBA）从 1998 年开始举办日本啤酒节，每年啤酒节会先后在东京、名古屋、大阪、冲绳和横滨五个城市举办，前后参加啤酒节的有上百家酒厂的几百种啤酒。单场啤酒节门票 5200 日元（约合 260 元人民币），再无其他费用，进了门就可以随意畅饮，而其他时候可能采用先购门票，喝酒单算的方式，具体要到官网查询。有机会到日本的话，不妨看看能否赶上啤酒节，是时候尝尝邻居的酿酒手艺了。

5. 青岛国际啤酒节（Qingdao International Beer Festival）——中国，青岛

青岛啤酒节始创于 1991 年，最开始是青岛啤酒厂主办的，后来青岛市政府组建了专门的主办机构，啤酒节在每年八月的第二个周末开幕，为期 16 天，这是目前世界最大啤酒市场的最大啤酒节。每一年都有来自不同国家的几十个品牌，提供超过 300 种不同的啤酒。

2014 年的数据是 400 万人共喝掉了 120 万升啤酒，虽然战斗力比起远在欧洲的大酒桶们还有差距，但是放眼全球从人数规模上看已经仅次于慕尼黑啤酒节。2014 年的啤酒节对青岛市的直接经济贡献就达 38 亿元，市政府为了吸引游客可谓用尽浑身解数，为酒友们提供种种福利，歌舞表演、主题活动、嘉年华娱乐设施、全球美食，甚至实现了啤酒节区域

的无线网络全覆盖，提供免费上网服务，喝酒发朋友圈两不误！虽然青岛国际啤酒节和现在国内的啤酒市场一样，仍然是工业啤酒的天下，但在当今精酿啤酒文化日渐强盛的中国，谁说不会有更多的精酿啤酒来到这个世界第二大的啤酒节上群雄逐鹿一把呢？

4. ZYTHOS 啤酒节（ZYTHOS）——比利时，鲁汶

Zythos 在古希腊语里的意思就是啤酒，啤酒节组织者是一个名为"ZYTHOS"的啤酒爱好者协会（类似于英国的CAMRA），该协会于 2003 年成立，旨在保护及推广本国及当地的啤酒文化。比利时是公认的啤酒王国，无论是质量还是数量都傲视全球，毫无疑问，这里的啤酒节自然也不在少数，而在这众多的啤酒节里，ZYTHOS 是规模最大的一个。

每一年啤酒节都有一个不同的主题颜色，海报、眼镜、T 恤等所有能看到的地方，都以这个颜色作为主色调。例如2011 年的颜色是黑色，是为了纪念最后一次将圣尼古拉斯作

■ 比利时 ZYTHOS 啤酒节 2016 年专用杯

为举办地点。而 2012 年则是酒红色，是为了庆祝会场搬迁到鲁汶。啤酒节期间，有些当地的酿酒厂敞开大门欢迎客人的参观，附近的餐馆也都在这个周末推出了以啤酒为中心的菜单。2016 年，主题变为蓝色，笔者也有幸参与，一天时间喝了 20 多杯酒，还有幸喝到了一款封存 20 年的兰比克，好不快哉。2018 年，笔者又去参加，杯子已然变成红色。

3. 大英啤酒节（Great British Beer Festival）——英国，伦敦

每年 8 月的第一周或第二周，由真艾尔运动组织（CAMRA，Campaign for Real Ale）发起的大英啤酒节在伦敦上演。然而，英国的各路酒鬼们更喜欢把它叫作"世界上最大的酒吧"。每年有无数人为了啤酒来到这里，毕竟这里拥有来自世界各地的 1000 种啤酒！

它的前身最早是 1975 年的首个为期 4 天的大型啤酒节，但随着时间的推移，它的影响力在逐渐增加，现在已经是整个英国乃至西欧最有影响力的啤酒节。正如真艾尔运动组织所标榜的走传统精酿啤酒路线一样，它的啤酒种类和质量远远超过超市中的普通啤酒，能被邀请而来的酒厂也自然会拿出看家本领展示自己的窖藏好酒。同时，啤酒节期间也会举办英国啤酒冠军赛，这是一个专业水平相当高的啤酒大赛。而至于音乐和美食，这都是啤酒节的必备选项，就毋庸赘言了。

2. 美国啤酒节（Great American Beer Festival）——美国，丹佛

作为世界啤酒届的后起之秀，却快速成为中流砥柱的美国，啤酒节的水平自然也在快速增长，并大有领先世界的潜力。这个啤酒节是由美国家酿协会主办、美国啤酒品酒师协会（BJCP）等参与的大型节日，它的一个重要主题自然也是啤酒大赛。

每年的 9 月末或 10 月初三天时间里，全美的专业酿酒厂、业余家酿者及各类啤酒的爱好者云集于丹佛。这里有将近 200 名来自各个国家的啤酒专家与志愿者组成强大的评审团阵容，对几百家美国本土酿酒厂的几千款不同类型的啤酒进行评判，几十个分项每个都可能会产生金、银、铜奖。除了常规的品酒会和颁奖，职业业余混赛项目设置了一项所有家酿者都梦寐以求的奖励，允许获胜的业余家酿者使用自己的获奖配方在专业的酿酒厂进行酿造！

美国啤酒节由一名叫查理·帕帕齐安（Charlie Papazian）的核能工程师在 1982 年创建，首届啤酒节参加的酿酒厂只有 22 家，而目前这一数字已经逼近 2000 家！收到的近万款参赛样酒，涵盖 90 类不同风格，最后发出约 300 块奖牌。和其他啤酒节相比，美国啤酒节更像是酿造者的狂欢，作为精酿爱好者，如果有机会一定要去现场体验一下！

1. 慕尼黑啤酒节（Oktoberfest）——德国，慕尼黑

慕尼黑啤酒节，无人不知，无人不晓。1810 年，德国王室的路德维西王子大婚，为了庆祝婚礼，全城举行盛大的嘉年华，而按照德国人以酒为命的天性，自然少不了啤酒的助阵。经过 200 多年的演化，它已经成为了世界上最大的嘉年华 / 啤酒节，并俨然已被看作是世界各地啤酒节的鼻祖。这个嘉年华期间，也是德国吸引世界各地游客最多的时间。

不过在德国人的传统说法中，依然把它叫作"十月节"。每年从 9 月底到 10 月第一个周日的 16 天内，巴伐利亚州的男男女女们都会穿上最传统的服装，来这个嘉年华使劲儿疯狂、使劲儿喝酒。1990 年 10 月 3 日，分裂 45 年之久的德国重新统一，这一天也因此成为法定假日。于是从 1994 年开始，啤酒节的日程做出了调整，如果 10 月的第一个星期日落在了 10 月 1 日或者 10 月 2 日，那么啤酒节就会持续到 10 月 3 日，总天数就是 17 天或 18 天！

■ 笔者有幸被选中进入斯巴腾啤酒帐篷，建议大家提前一年按桌预订，否则无法预订的散客找位置只能靠运气

笔者在 2015 年去过一次慕尼黑啤酒节，此时的状态已经是 14 个容纳人数 5000～10000 人的超大帐篷，和大约 20 个较小的帐篷。考虑到这么大的人流量，每年的啤酒节也是巴伐利亚州各大酒厂最为重要的时刻，这是绝佳的宣传时机。传统的斯巴腾（Spaten）、保罗娜（Paulaner）、奥古斯都

■ 慕尼黑啤酒节巨大的杯子

（Augustiner）、皇家 HB（HofBrau）都是最吸引人的所在，他们早在半年前就已经"拉格"起精致的清亮淡色海莱斯、博克、小麦啤和专门的十月节啤酒等，可谓是巴伐利亚啤酒水平的巅峰。

每年都有近 1000 万升的酒水在短短十几天的啤酒节被消耗掉，除了啤酒，到处都是美丽的长裙酒娘，还有德国香肠、咸面包和烤鸡。下午 6 点之后，音乐禁令一过，现场各种狂欢劲爆的音乐立即开始，会场顿时进入欢乐的海洋。那一天，笔者根本不记得是如何回到住处的。

啤酒节，你一定要去转一转！

调杯鸡尾酒

众所周知，啤酒有四种最基本的原料：水、啤酒花、麦芽和酵母。虽然原料不怎么复杂，但因为水质的不同、啤酒花的不同、发酵方式的不同，还有各种辅料的加入、使得现代啤酒形成了一个包含34大类，超过100个小类的庞大家族，用来搭配做出各式鸡尾酒，根本不足为奇。

笔者也亲手教你做10款好喝的啤酒鸡尾酒，有刚烈的、有清淡的；有适合独酌的，也有适合众饮的；有简单的，也有复杂到可以用来炫技的。总之，以下各款都值得你亲手一试！

■ 自己动手，也可以在家做鸡尾酒（摄影：张之州）

一：啤酒 + 烈酒

01：波本威士忌 + 淡色艾尔 = 酒鬼炸弹（Boilermaker）

广泛流行于美国的酒鬼炸弹（Boilermaker，直译竟然是"锅炉工匠"）应该是最著名的此类"鸡尾酒"。它的最大特色是直接将一小杯威士忌扔到啤酒杯中，一饮而尽。号称所有派对的终极玩法。国外疯狂的年轻人派对中，总少不了最后一轮酒鬼炸弹炸出的酒鬼炮灰。

■ 酒鬼炸弹（摄影：张之州）

原料：

威士忌：Maker's mark 威士忌；啤酒：Budejovicky 捷克淡色拉格

提示：

单一麦芽威士忌、波本威士忌都可以作为炸弹猛料，而啤酒的话要选择美式拉格、美式淡色艾尔或者美式 IPA。投放炸弹毫无技术含量，威士忌杯离啤酒近点投进去就好。

02：波本威士忌 + 小麦啤

觉得酒鬼炸弹太暴力？的确，典型的走肾不走心。还有另外一种温和方法是威士忌 + 冰块 + 小麦白啤 + 柠檬汁。此款鸡尾酒温和很多，浓郁的果汁鲜味和小麦啤的丁香酚和香蕉味完美支撑起味道框架，淡淡的酸甜中能体会到威士忌的木桶味和酒精味，非常容易下口。

■ 威士忌小麦啤（摄影：张之州）

原料：

威士忌：Wild Turkey 8 yead；啤酒：德国教士小麦白啤；辅料：冰块、柠檬

提示：

这款酒最好选择波本威士忌和传统小麦啤来搭配，加上冰块和柠檬汁非常解渴。

03：白兰地 + 世涛

世涛（Stout）是一种起源于英国的黑色啤酒，以烘烤过后黑麦芽的淡淡苦咖啡味和巧克力味为最大特色，牢牢霸占世界顶级啤酒榜单。相较而言，由葡萄酒蒸馏浓缩而来的白兰地更是融合了葡萄酒和橡木桶的精髓，二者的碰撞可谓各有千秋，加入少量的白兰地，倒入大量咖啡世涛，其拥有的黑咖啡风味、果香和轻微的烤木桶甜香，辅以微热的酒精感，何不快哉！

■ 白兰地世涛（摄影：张之州）

原料：

威士忌：轩尼诗 VSOP；啤酒：牛啤堂东邪世涛；辅料：冰块、柠檬

提示：

首先倒入干邑白兰地，其次是世涛啤酒，苏格兰干世涛和英式世涛皆可。这次选的是一款香草世涛，目的是能在白

兰地的香气中调和进更清新的味道。

04：金酒 + 金色艾尔

西欧荷比卢地区盛产以香料味为特色的酒精饮品，无论是杜松子调味的烈性金酒（Gin），还是当地修道院最著名的加入橘皮和芫荽籽调味的金色艾尔啤酒。如果你同时喜欢它们，下面给你一个完美的配方：在杯子底部倒上一些金酒，加满冰块，倒入比利时修道院金色艾尔啤酒，上面还可以考虑附上一层生姜艾尔，亦可考虑柠檬点缀。酸酸甜甜中，连大妈都不知不觉喝得"脸红脖子粗"，难怪当地人叫它"红脖子大妈"（Redneck Mother）。

原料：

金酒：伦敦 BOMBAY、SAPPHIRE'DRY GIN 金酒；啤酒：比利时修道院 Achel 金色艾尔；辅料：冰块、柠檬

提示：

荷兰金酒和伦敦干金酒都是这款酒的不二之选，啤酒一定要选择特拉普修道院认证的金色艾尔啤酒，两者相加才是最正宗的味道。

二：啤酒 + 果汁

05：柏林白啤 + 酸甜果汁

柏林白啤被普鲁士国王威廉一世和著名的腓特烈大帝疯狂迷恋，更被拿破仑叫作"来自北方的香槟"。这种低酒精度的柏林小麦啤酒只有大约 3 度，在二次发酵中加入了乳酸

菌，使得喝起来酸味略微重。但本地人更喜欢将啤酒与树莓汁、覆盆子汁、蔓越莓汁等混合在一起，放入本地极具特色的碗状杯中用吸管啜饮，也是一大经典。盛夏季节，柏林白啤成为当地女士们不可多得的避暑饮品。

■ 柏林白啤加果汁（摄影：张之州）

原料：

啤酒：To Øl Good Ad Weisse 白啤；烈酒：CHARTREUSE 查特绿香甜酒（绿色款）；其他：美国优鲜沛蔓越莓汁（红色款）；辅料：冰块

提示：

红色款比较香甜，非常适口；绿色款有较强的茴香味，适合口味较重的人。另外，柏林白啤也可以用水果兰比克来替代。

06：生姜艾尔 + 柠檬汁

暖身的生姜艾尔与新鲜清爽的柠檬勾兑，做成满满的一大杯沙冰。如果你觉得它略微发酸，亦可加入白糖调味，点缀以新鲜的薄荷叶，一杯完美的"公牛之眼"（Bull's Eye）

便出现了。这译名感觉比较奇怪？事实上它的意思是靶心，盛夏的炎热，怎么可能抵御得住这种来自靶心的美味！

■ 生姜艾尔加柠檬（摄影：张之州）

原料：

啤酒：艾丁格小麦啤；其他：屈臣氏干姜味汽水；辅料：柠檬、冰块、糖

提示：

生姜艾尔啤酒市面极少，这次以屈臣氏干姜汽水来代替，一样爽口适饮。

07：小麦白啤＋红辣椒

想要味觉上最立体丰富的刺激？不妨试试在杯底放足冰块，倒入新鲜比利时小麦啤加柠檬汁，这味觉怎么能够，还要再加入半勺糖，再来小半勺盐提出咸味，最后可别忘了放入一颗切好的鲜红辣椒。这酸甜苦辣咸的超级组合，据说喝过的人纷纷表示：再来一杯！哦对了，它有个非常酷炫的名字：冰与火之歌（Ice & Fire），酒如其名。

原料：

啤酒：比利时福佳小麦啤酒；辅料：辣椒、冰块、糖、盐、柠檬

提示：

辣椒一定要够辣才过瘾，再混合柠檬的激爽口感，让这杯鸡尾酒特别适合在狂欢派对中饮用。

三：啤酒 + 低度酒

08：啤酒 + 啤酒

这款酒有着特别好看的分层，其原理是利用两种啤酒比重的不同而形成。这次用的是健力士干世涛

■ 小麦啤与辣椒的冰与火之歌（摄影：张之州）

与一款拉格啤酒的组合。饮用时，你体验到的先是丝滑细腻的世涛口感，继而是清爽刺激的拉格风味！

■ 高低密度搭配的啤酒鸡尾酒（摄影：张之州）

原料：

啤酒：健力士干世涛、雪花脸谱花旦啤酒；辅料：冰块、柠檬

提示：

理论上，根据个人爱好，你可以使用任何两种比重相差较大的啤酒来混合，操作细节是在倒第二杯酒的时候保持倾斜，而且速度要慢，小心防止二者混掺在一起。

09：啤酒 + 苹果酒

这杯酒拥有极为好看的颜色。制作方法为：下部倒入酸甜可口的苹果酒（Cider），上部倒入苦咖啡味浓郁的世涛啤酒，并点缀以薄荷叶。据说，每个人都是抱着杯子拍足了照片，直到这杯鸡尾酒已经热起来才想起来喝！它有个美丽的名字——黑色天鹅绒（Black Velvet）。

■ 美丽的黑色天鹅绒（摄影：张之州）

原料：

啤酒：Voo Doo 美式世涛；其他：Moa Cider 苹果西达酒；辅料：冰块、薄荷叶

提示：

苹果西达酒还可以用蜂蜜酒（Mead）替代。

四：终极混合鸡尾酒

10：俄罗斯原野

这是来自笔者所在啤博士团队中墨船长自创的鸡尾酒配方，可谓集各种酒、各种风味之大成，先看看其原料就知道这款酒的口味之重——简直就是在向"战斗民族"致敬。首先必须有比利时修道院三料啤酒、绿色的香蕉甜酒（Pisang）、伏特加（Vodka）、姜片、冰块、黄柠檬和薄荷叶用于提味

和点缀。首先，杯里放入半杯冰块和适量姜片，随后加入 10% ～ 20% 高酒精度的伏特加，接着再将啤酒加至 90% 的高度，最后，倾斜杯子，沿杯壁缓慢倒入绿色的香蕉甜酒，直至加满。由于该酒密度不同，会顺着杯壁沉入杯底，形成绿色分层，故而叫"俄罗斯原野"。调好之后，加入薄荷叶和黄柠檬片（轻挤一下汁，再放进去），大功告成。

原料：

啤酒：比利时修道院西麦尔三料；烈酒：伏特加；其他：

■ 俄罗斯原野（摄影：张之州）

ELCIPU 香蕉甜酒；辅料：生姜、柠檬、冰块

看了这么多，你不抓紧搜罗下冰箱，自己整上一杯吗？

| 品酒有知识

啤酒本质上是一种人们生活中的日常商品，在描述它的时候当然有不同的选择：既可以阳春白雪，以诗词歌赋来称

赞夸奖——"玉碗盛来琥珀光"；又可以下里巴人，以市井喧闹来嬉戏打闹——"不干了看不起我"。

但到了专业品酒级别，笔者觉得最重要的是三方面：

第一：用啤酒的语言来形容啤酒

正如同碰到讲英语的人，拿德语去讲个半天都毫无意义，双方只是云里雾里，交流时一定要限定在共同的语言体系中。学习专业品酒的过程本身，就如同学习一个新语言的过程一样，需要积累词汇、语法、语态、语境，结合在一起才能方便大家有效地交流。当评价一杯啤酒时，就需要用啤酒的语言来描述，无外乎几个点：专业、精确、有代入感。

比如酿酒过程有一些专有名词：出糖（麦芽中的淀粉在一定温度下被酶水解为可发酵糖）、洗槽（出糖后的残渣用热水淋洗出糖分）、熬煮、投酒花、涡流回旋（沉淀去除额外物质）、干投（发酵快结束时投入酒花）、一发（发酵桶）、二发（瓶中发酵），等等。它们最大的作用在于能用最简短的语言帮助阅读者精确获取信息，以防造成误解。

同样的道理也针对描述某个原料或化学成分时，太过笼统往往不够清晰，需要精确指明到底是什么类型、什么程度。比如"麦香"一词，就不如大麦香、小麦香、燕麦香等精确；而大麦香就不如大麦的焦香、糊香、甜香准确，为了更加清楚描述还可以加上类似咖啡、可可、太妃糖、烤面包、饼干等味道增加读者代入感；而这些还是不够，还需要描述清楚这个香味到底是什么程度，是中等、明显还是单薄。

例如当你喝到一款帝国世涛时，写评价时有两种选择：

a. 浓郁的麦香扑面而来，味道很浓，回味很久，很舒服的饮用体验。

b. 浓郁的大麦焦香，明显的太妃糖、深色果脯味；中等的大麦糊香，有咖啡和可可的气息；带有燕麦温和的蛋白质甜香味，类似烤吐司面包；层次感浓厚，总体被焦香主导，甜而不腻被糊香中和；收口甜香微苦，不涩，枫糖浆滑腻感，易饮性适中。

■ 世涛的香气和口味都非常浓郁（摄影：佟帆）

两组评价都像是描述同一款啤酒的麦芽香味，但你单单看到"浓郁的麦香扑面而来"时不一定联想到这是款帝国世涛，也有可能是德式博克，而浓郁焦香、中等糊香、温和烤面包甜香的味道结构就非常明显是世涛啤酒；同理，味道很浓到底是舒服的浓还是不舒服的浓，而甜而不腻、焦香主导就是一种清楚的正面评价；较好饮用体验到底是不苦、不甜还是不涩口不辣口并不清楚，而第二种收口甜香微苦，不涩、略微枫糖浆滑腻感则让你看到时就仿佛感受到啤酒过喉咙后的状态。当然，第二个答案更长，但长度不是必然的，更多的是能清楚精确地描述且让人有代入感。

同时，也要注意描述时要符合大致的事实，比如在描述啤酒花时，美式、捷克式、英国式风格有所不同，美式一般突出热带水果（西瓜、葡萄柚、杧果）、核果和梨果（苹果、杏、梨）的甜香，捷克式一般有温和的树脂香、药草香，英式一般有中等的青草香、泥土香。如果你描述一种酒花时把上述词汇堆砌在一起，"酒花呈现明显的西瓜和杧果香味、浓郁的药草香，并混有中等泥土香，相得益彰，互相平衡"，写得又臭又长却让读者完全得不到关键信息：那么到底可能是哪种酒花呢？

第二：针对你眼前的这款啤酒的风格评价

目前根据 BJCP 发布的 2015 年世界啤酒分类指南，全世界包含大约 34 大类、114 个小类的啤酒，比如我们生活中喝到的青岛、雪花、燕京、百威都属于美式淡色拉格，那么在你评价啤酒的时候，也务必针对这一款所属的类型。这就需要熟知每一个类型啤酒应该有的特色。

笔者在考试的时候就碰到这种情况，一款非常接近完美的大麦烈酒（考试后才知道用了顶级商业款大麦烈酒）放在你面前，告诉你这是比利时修道院双料啤酒，那就得按照比利时双料去打分，这款好酒由于颜色过浅、感觉不到比利时糖的存在、沙口感

■ 甚至有的商业啤酒玩种类跨界，但在品酒时必须先界定某一种类，再按此种类评定（摄影：墨船长）

太弱、度数过高、收口过于甜腻等，本来一款接近满分的大麦烈酒就被笔者评成了不及格的双料啤酒。当然，这是考试时故意为难你，在平时的喝酒中评价酒并不存在这种坑。

所以面对一款啤酒，就是认真地品味这款酒的基本框架和体现出的特色，寻找脑子中对这种啤酒类型的记忆，去比对、更正，给出准确的评价，不要受任何干扰。比如有人可能极其受不了兰比克的酸臭味（马厩味、谷仓味），但对这种酒它就是合适的，哪怕你不喜欢喝，也不至于把一款顶级的兰比克随意打成不及格。除非它的酒标上写着这是一款拉格，那你可以直接倒掉并投诉了。

第三：要全方面立体地评价啤酒，共计 50 分

这是重头戏，任何一款啤酒，都有色、香、味这一说，就好比饭菜总有酸、甜、苦、辣、咸、香这些维度。第一步就要覆盖啤酒的维度，稍微补充下小知识：啤酒的原料基本上有水、酵母、大麦芽、啤酒花和添加的辅料五大类。

香气（Aroma）：满分 12 分。大麦、啤酒花、酵母本身、添加的辅料（水果、小麦、燕麦、比利时糖、香料）和酵母的发酵产物（酒精、酯类、酚类）等都会带来香气，需要给予准确的客观评价。此时要注意很多异味的出现，比如硫化物的臭味、氯酚的创可贴味、霉菌味，等等，这些异味的识别需要稍加培训，比如使用异味胶囊，自学足够。

外观（Appearance）：满分 3 分。酒不可貌相，所以外观的权重并不大，但也需要简单描述下颜色、酒体、酒头、

泡沫细腻度和持久度等，如果跟这个类型有大的出入，就要扣分。

味道（Flavor）：满分 20 分。这个和香气基本一致，但尝到的肯定比香气更加准确，比如闻起来的水果味可能喝起来并不强。而且这里需要补充一些根本闻不到的东西，比如无法闻到啤酒的苦度、收口和回甘、味道的平衡程度，这些需要额外补充的点是这项的关键。

口感（Mouthfeel）：满分 5 分。酒体顺滑程度，饱满还是单薄，酒精是否辣口，是否涩口和其他不良口感。

总体印象（Overall Impression）：满分 10 分。很多人在这一点往往不知道该怎么评价，其实这个并不复杂，就是要回答这款酒的优点在哪里、中庸之处在哪里、不足之处在哪里、这些不足该怎么改进？世界上没有完美的啤酒，任何一款酒都有不足之处，这一条考验的就是你对酒的基本功，甚至是自酿啤酒的经验。因为最核心的是问你该如何改进这一款啤酒，从原料、配方、发酵过程、储藏和侍酒方方面面考核。因此，如果你给了极低分，却不给反馈意见，这显然不是正常的。一般情况下，分越低就要给出更多的反馈和提升空间。

当然，一个合格的酒评还要做到前后一致、符合科学，比如酚类醛类的酯香味就完全牛头不对马嘴，前文说了闻不到酒精味后文却说酒精辣口感很强（这意味着酒精度非常高，不可能闻不到），评价味道时说麦芽的焦香味非常浓郁，超出了该种类的要求，后文却建议酿酒师提高水晶麦芽的使用比例，这都是前后矛盾不可取的，不是一篇专业的酒评。

在评酒时，也要避免其他因素干扰，比如不要使用香水、不要食用刺激类食物、两款酒之间喝水漱口，等等。这都是基本功。

最后，还需要表达一下对酿酒师的肯定，一般笔者都会加上一句友好的话，鼓励酿酒师下次酿得更加完美！

也希望读者在读到这里时，能同样给笔者送上类似的一句话。

如果你想变得更加专业，当然可以考虑加入各种啤酒研究爱好小组、协会之类，还可以考虑通过考试申请专业的啤酒品酒师 / 侍酒师认证。国际上有两个主流的认证组织。

一个是 1985 年创建于美国的啤酒品酒师资格认证协会（BJCP），已有 30 多年历史，宗旨是：

（1）推广与传播啤酒相关的各类知识与文化，提升大众对啤酒的认知、品酒和评估水平；（2）创造一个啤酒行业规范的评价程序，引导啤酒爱好者正确评价及饮用啤酒，便于对这些酒类进行排名和评比；（3）为这个行业提供大量的专业评审人才，为酿酒商提供正确的信息反馈。

BJCP 目前拥有 6000 多名活跃的有品酒师资格的会员，历史上总共鉴定过 100 万款啤酒，服务过世界各地的近万次啤酒大赛，影响力可谓当之无愧的世界第一。BJCP 定期推出啤酒分类指南对啤酒加以科学分类，该指南也已成为世界

啤酒评分表
BEER SCORESHEET

AHA/BJCP(美国家酿啤酒协会、啤酒品酒师认证协会)
啤博士中文授权版

http://www.bjcp.org
http://www.homebrewersassocation.org

啤博士同名平台/微信公众平台/新浪微博/优酷视频

评分人/Name: _____

城市/City : _____

日期/Date : _____

(以下信息针对如果已知是某款啤酒)

酒厂/Brewery : _____

产地/Country : _____

名称/Name : _____

包装/Package: _____

种类/Category # _____

酒精度/ABV(可估计) _____%

子类详细名称/Subcategory : _____

特殊原料/Special Ingredients : _____

评分：

芳香/Aroma (针对本子类标准/ as appropriate for style) _____ /12
麦芽/啤酒花/酯类和其他香味(Comment on malt, hops, esters, and other aromatics)

外观/Appearance (针对本子类标准/ as appropriate for style) _____ / 3
颜色/澄清度/酒头泡沫厚度/持久度/细腻度(Comment on color, clarity, and head, or retention, color, and texture)

风味描述/Descriptor Definitions (多选/Multiple choice):

☐ 乙醛/Acetaldehyde(化学物质, 类似青苹果香味)

☐ 酒精/Alcoholic(包括多种醇类, 味道刺激, 烈性)

☐ 涩味/Astringent(类似一些发涩食物的涩口感)

☐ 双乙酰/Diacetyl (化学物质, 发甜, 类似奶油香味)

☐ 二甲基硫/DMS (化学物质, 类似熟玉米的甜香味)

☐ 酯类/Estery(多种化学物质, 类似水果诸如香蕉香气)

☐ 青草味/Grassy(类似刚刚剃掉的草叶味道)

☐ 光臭味/Light-Struck (暴露在光下导致的臭鼬和橡胶味)

☐ 金属味/Metallic(类似铁锈、硬币、血的味道)

☐ 发霉味/Musty(类似霉菌的味道)

☐ 氧化味/Oxidized(氧化的啤酒颜色变深、发苦、鲜味消散)

☐ 酚醛味/Phenolic(化学物质, 类似烟熏和辛辣味)

☐ 溶剂味/Solvent(类似塑料味)

☐ 酸味/Sour/Acidic(类似醋酸、乳酸等)

☐ 硫化物味/Sulfur(化学物质, 类似臭鸡蛋的味道)

☐ 蔬菜味/Vegeta(类似煮过的蔬菜和变质的蔬菜味道)

☐ 酵母味/Yeasty(香甜类似面包味道, 略带泥土味)

味道/Flavor (针对本子类标准/ as appropriate for style) _____ /20
麦芽/啤酒花/发酵程度(特点)/多种味道平衡/回甘/其他味道
Comment on malt, hops, fermentation characteristics, balance, finish/aftertaste, and other flavor characteristics

口感/Mouthfeel (针对本子类标准/ as appropriate for style) _____ / 5
酒体/沙口感/酒精烈度/奶油般细腻程度/涩口感和其他味觉感受
Comment on body, carbonation, warmth, creaminess, astringency, and other palate sensations

整体表现/Overall Impression _____ /10
关于本啤酒总体表现的愉悦度评价和对未来的改进建议
Comment on overall drinking pleasure associated with entry, give suggestions for improvement

总分/Total _____ /50

		符合本类型准确度/Stylistic Accuracy	
完美/Outstanding (45 - 50): 本种类世界级/World-class	符合/Classic ☐ ☐ ☐ ☐ ☐ 不符/Not to Style		
极好/Excellent (38 - 44): 需要极小改进/Exemplifies requires minor change	酿造技术评价/Technical Merit		
很好/Very Good (30 - 37): 符合标准,但有缺点/some minor flaws	无瑕/Flawless ☐ ☐ ☐ ☐ ☐ 严重缺陷/ Flaws		
好/Good (21 - 29): 与风格略微不符/Misses style with minor flaws	体验感/Intangibles		
普通/Fair (14 - 20): 口感与标准较大差距/Major style deficiencies	完美/Wonderful ☐ ☐ ☐ ☐ ☐ 无生命力/Lifeless		
劣质/Problematic (0 - 13): 严重不符合本类/Major off flavors and aromas			

咨询授权请联系啤博士各类同名平台！邮箱：doctor-beer@outlook.com
Please send any comments to Exam_Director@BJCP.org

■ 笔者翻译的《BJCP标准啤酒评分表》

第十一章 喝啤酒也可以很讲究

啤酒市场的风向标，有助于啤友品鉴、自酿比赛筹办、酿友参赛，甚至新啤酒风格的创新。

它的考试有网考、线下品饮和线下笔试三步，在经过线下品饮之后就可以获得不同层次的品酒师身份。笔者本人也是这个组织认证的品酒师，由于品酒成绩优异也获得了线下品饮考试考官资格，并非常荣幸地参与了中国大陆地区首次线下考试的监考。

另一个系统是侍酒师认证系统：Cicerone，主要考验侍酒、风格鉴定及啤酒上下游相关的内容，相当于为精酿啤酒行业培养专业人才，对于从事本行业而言更有裨益。相比来说，BJCP更适合家酿爱好者提高酿酒水平、啤酒鉴定水平，二者体系和思路大不相同。不过笔者并未参与过这个考试，本书就不多做讨论了。

■ 首次考试时大家的合影

无酒毋宁死

说到这儿，我觉得本书内容已经能够吊起你对啤酒的胃口了吧？无论是啤酒本身还是背后的文化，我们如今的生活还缺得了啤酒吗？

答案是，不!

啤酒是世界第一大酒精饮品，销量上几乎 5 倍于排名第二的葡萄酒、6 倍于排名第三的烈酒。啤酒在人类社会中已经扮演了如此重要的地位。它实在太过重要，但如果啤酒突然从世界上消失（默认不再恢复），将会出现什么样的情况呢？

（以下内容纯属作者微醺后的虚构，如有雷同纯属巧合!）

消失 1 小时：数万人陷入情绪低落

啤酒的产量如此之大，以至于成为了人类饮用水的重要来源（啤酒中 95% 左右成分都是水），2000 多亿升的产量足以满足地球 70 亿人口至少两周的饮水量。事实上，在任何一秒钟，全世界就有约 5000 万人在举着啤酒杯喝酒，他们在愉快地聊天、放松心情。

■ 空杯恐惧症（手绘：Feifei）

根据空杯恐惧症的理论，假如是刚打好的啤酒突然消失了，没喝到啤酒、损失了金钱，只有眼前的空杯子，估计会有无数酒鬼陷入低落的情绪中。

而正吃着小龙虾、火锅、肉串的朋友们，估计更加悲惨，好心情全无。

消失 1 天：社会陷入恐慌

在自媒体如此发达的时代，这么大规模的啤酒消失将会导致媒体集中关注报道此事，因为人类根本没有能力在瞬间移除全地球的啤酒。各种散布外星人来临、末日审判等异端邪说将会甚嚣尘上，世界各国政府紧急控制媒体但依然难以完全掌控。

由于各大啤酒公司都属于上市公司，它们在紧急宣布所有啤酒消失后，股票暴跌，引发各大股票交易所发生挤兑潮，世界主要股指暴跌，很快波及金融行业各个环节。

24 小时后，各国政府向人们澄清并未出现大家担心的问题，但啤酒的消失依然是未解之谜。好处是，全世界人民的情绪终于稳定下来，金融市场等再次进入稳定。

消失 1 周：引发社会商品的抢购热潮

酒精在某种程度上已经成为人们生活的必需品。在各国 20 世纪执行禁酒法令期间，黑市上交易的相当一部分商品就变成了各种酒精，价格奇高但依然不乏大家顶着犯罪的风险去购买。美国禁酒令期间，人们甚至向医生行贿希望能把威士忌当做镇静类药品开给他们，导致美国医疗系统在一年开出了 400 万升威士忌作为"药品"。

因此，如果世界上最大的酒精饮品突然消失，一周之内人类必然去超市疯抢葡萄酒和烈酒等各种产品，导致商家提价，进一步引发人们抢购。由于这些产品保质期很长，人们无论是出于自身消费的目的还是囤货获利的目的，都会释放大量的消费能力抢货，为了抢货的各种冲突新闻，不绝于耳。

消失 1 月：大规模失业潮波及世界各国

啤酒行业是个上下游供应链和商业链特别长、非常吸引就业的一个行业，啤酒的消失将会在较短时间内释放大量的劳动力，许许多多的人成为失业人口。

■ 20 世纪 30 年代，美国经济不景气且颁布禁酒令期间，民众走上街头抗议

啤酒花种植企业，大麦种植、加工企业，酵母培养生物公司，都将伴随啤酒的消失而瞬间没有任何订单，在农业和生物领域工作的数百万人将失去工作。由于农业的生产周期很长，他们不可能在 1 个月内做出其他任何产品。

喜力、百威、青岛、雪花这类大型集团，创造的直接就业人口高达百万。而啤酒也是非常典型的快消费品，需要快速的资金回流，啤酒的消失导致这些集团无以为继，短短一个月就将崩溃，数百万人失业。

分销与终端售卖渠道，超市、杂货店、酒吧酒馆有相当一部分业务都与啤酒相关，这些第三产业服务业也创造了大量就业。啤酒消失，但他们没有办法瞬间转到其他工作，也将失业。

啤酒的消失导致了第一、二、三产业的数千万劳动力失业，他们无法维持背后千千万万的家庭，纷纷走上街头，导致社会动荡、不稳定因素增加。

消失 1 年：在付出巨大代价后，社会终于重新回归秩序

啤酒消失引发的金融系统危机和社会动荡导致各国经济陷入衰退。

为了应对啤酒消失带来的冲击，世界各国紧急出台了各项政策，包括严禁个人和各种组织囤积任何酒类产品，同时对酒类产品实行为期三年的政府指导价格，国家安全和警察等部门大力打击黑市和囤积居奇行为。

紧急加大投资到葡萄酒和烈酒生产企业和上下游供应链，要求它们在一年内扩大至少 3 倍产能以满足人们的需要。同时，针对扩大产能时带来的就业量，不得自由雇用员工，必须按照政府解决因啤酒而失业的下岗工人安置问题的条例定向雇用。

在媒体层面，各大电视台紧急播放养生和健康类节目，大力宣扬酒精对身体的坏处，鼓励大家禁止或少喝酒。

为啤酒而发明的"啤"字从中文消失

"beer"一词从英文字典里消失，"beer"变成"bear"的"通假字"。

任何书籍和报纸杂志不得再宣传任何关于啤酒的知识与

BEAR?BEER!

■ Beer 还是 Bear ？（手绘：Feifei）

文化，所有关于啤酒的图书一律成为禁书！

　　好吧，笔者写到上面一条已经不敢再写下去了，要不这本书就再也见不到读者了，得抓紧时间喝杯啤酒压压惊……

　　毕竟，啤酒是人类历史上最复杂的酒啊！

　　不管笔者有没有通过这本书说服你，但还是想在末尾说这么一句：

　　"来，再干一杯！"

致
谢

Thanks

　　首先，最重要的感谢送给我的妻子宋菲菲，如果没有她的支持，我几乎不可能成为一个专业的"酒鬼"。本书中大量的手绘插图，是由她一笔一笔绘制而来。

　　我的摄影师朋友——刘昆、张之州、李劭康，为本书提供了很多精美至极的图片，很多图注中注明作者的朋友同样贡献巨大。"啤博士"的王菖、孟路、夏立子、林啸、莫霁、佟帆、季永然、李泳佳等16位成员也启发了我很多的写作内容。

　　非常感谢免费版权图片分享网站Pixabay提供的精美图片，以及网络上愿意免费分享图片作品的国外摄影师（见各个图注）。与康迪昂（Cantillon）、风车（De Molen）、铁锚（Anchor）、罗登巴赫（Rodenbach）、嘉士伯（Carlsberg）、拉特拉普（La Trappe）等酒厂的交流也对本书相关内容有巨大的贡献。

衷心感谢清华大学出版社的编辑顾强，他对本书内容的编辑和审校做了大量细致又耐心的工作。邀请的 5 位业内人士，也为本书的最终成型提供了宝贵的意见和评价。

最后，感谢本书的每一位读者：人生宝贵，精彩纷呈，希望大家珍惜生命，认真、适量喝好啤酒，注意身体健康，喝酒切勿开车。让我们干杯！

由于本人知识见解与能力有限，本书不可避免会出现一些纰漏错误，还请读者朋友慷慨帮忙不吝赐教，反馈至微博、知乎等平台上的"太空精酿"账号即可，提前感谢！

啤博士的啤酒札记